一行指令學 Python
－用 Pandas 掌握商務大數據分析
(第二版)

徐聖訓　著

全華圖書股份有限公司　印行

再版序

　　首先要先感謝使用本書的老師、同學和朋友，還要感謝給本書批評和建議的人。出書是件辛苦的事情，但是透過書本這個平台能夠跟大家有一些交流互動，是非常開心的事情。能夠再版也是件開心的事情！

　　在這一版裡面，我們主要修正一些過期的指令，並將書本裡面的錯誤逐一修正，而且把裡面的內容講解得更加詳細和清楚。

書本重要更新說明

　　在第 4 章加入了 while、continue 和 break 指令說明。每一章的文字說明增加許多。

　　dt.weekday_name 已不能用，請改成 dt.day_name()。最後增加了第 18 章 pandas 禪。「pandas 禪」是我在推動的一個觀念，原因是我們剛開始用 pandas 來做資料分析的時候，往往會用很多的儲存格、很多變數，然後原始資料被破壞。這時候我們就希望發展一種寫程式的風格：

- 一個儲存格，就像是文章的一個段落，每一個段落由不同的句子所組成。儲存格既然是以段落為單位，我們就會減少很多儲存格的使用。

- 盡量用 DataFrame 的函數串接，來減少中間變數的產生。

- 不使用參數 inplace=True。等到所有指令都執行完之後，再用指派（＝）的方式將資料存入變數。如此不僅可以進行函數串接，也不會破壞原始資料。更棒的是，你再也不用去煩惱 inplace 這個參數了。

　　這麼一來，你的程式就比較具備文章的結構性和易讀性。讀者能以這一章作為起點，發展出自己的寫作風格。

各章節的說明

- 第 1 到 7 章是 Python 的功能。第 8 到第 11 章是 pandas 的功能介紹，主要包括 Series、DataFrame、繪圖和多層級索引鍵。學到第 11 章之後，我們就要利用前面所介紹的功能來處理實際的資料。

- 在第 12 章鐵達尼號的例子裡，我們複習和強化了如何做交叉分析以及如何繪圖。因此學完這章後，你應該具備對資料分析的一定能力。在繪圖上我們也介紹了 seaborn 這個專門的套件。

- 在第 13 章系所生源分析的例子裡，我們主要教大家如何做不同檔案的合併（concat）以及如何做資料的索引查詢，合併成新的 DataFrame（merge）。除此之外，我們也教大家如何從 Excel 裡面讀取不同的工作表。

- 在第 14 章業務銷售分析裡，我們主要教大家如何把分析結果美美地輸出到 Excel 裡，並且將統整好的資料輸出給老板看。在這一章中，我們也加入對時間軸的分析。

- 在第 15 章股票分析裡，我們主要教大家如何處理和分析多層級索引鍵的資料，我們也將教大家如何做一些基本的股票分析。

- 在第 16 章問卷資料分析裡，我們主要教大家如何分析問卷，包括遺漏值處理、t 檢定、anova 檢定、相關係數還有迴歸分析。

- 第 17 章的字串處理雖然不是資料分析，但在資料處理裡，文字的截取和清理是非常重要的。這一章我們也會教簡單的正規表達式，學會它對各位的資料分析能力一定會大大加分。

編輯器的選擇

筆者這幾年的教書經驗裡，比較傾向用 Google colab 來教學，原因就在於個人電腦裡的 Jupyter notebook 有時會因為個人電腦的差異而造成一些奇怪的錯誤。因此在教學上，為了減少這種情況發生，就統一在雲端上用 Google colab 這個平台。什麼是 Google colab 呢？讀者可以把它想像就是雲端版且免費的 Jupyter notebook。以下是 Google 的說明：Google Colaboratory （簡稱為「Colab」）可讓你在瀏覽器上撰寫及執行 Python，且具備下列優點：

不必進行任何設定、免費使用 GPU、輕鬆共用。無論你是學生、數據資料學家或是 AI 研究人員，Colab 都能讓你的工作事半功倍。至於 Colab 怎麼操作呢？可以參閱我錄製的 YouTube 影片。

不過如果是個人在操作的時候，我仍然會使用電腦版的 Jupyter notebook，因為對於檔案的存取和執行的速度上都會比較方便。

以資料分析的角度來講，Jupyter notebook 是非常適合的編輯器。但它也會有我們前面所描述的問題：過多儲存格、過多變數，程式語法散亂的問題。但只要透過第 18 章 pandas 禪的精神，就可以解決這些問題。Jupyter notebook 非常適合來做資料的實驗，因此我十分推薦。

教學網站

Python 這門課我前後也教了好幾年，也將所有課本裡面的講義全部都轉換成 Google Colab 的講義。而且書本裡面的重要範例也完成 YouTube 的影片錄製。讀者如果有需要，可以利用下面的二維條碼上這個網站，就可以找到相關的講義、影片。另外，在網站裡面還有另外一本機器學習的 colab 的講義。

網址：

也可以利用 google 搜尋關鍵字：「一行指令學 Python」。

在 Python 裡，最重要的套件應該是 pandas。

一般人（非資訊專長）要學 Python，一定要學 pandas，因為它不僅容易入手，更是功能強大的套件。pandas 提供了類似 Excel 的功能，它具有強大的資料分析、繪圖能力，甚至能做網路爬蟲。將 pandas 分析結果回存到 Excel 也是輕而易舉！本書就是著重在 pandas 的介紹。

而本書的另一特色是，筆者會設計許多用 Python 來解決的問題。研究發現，問題導向學習有助提升學習熱情和學習成效。

什麼是問題導向學習？簡單來說，就是在實際問題中引發學習動機和熱情，並且藉由親自操作，來尋找問題答案並解決問題！

Boud（1987）就主張，學習的起點應該始於學習者想要解決的問題、疑問或困擾。因此，我設計的這些問題只是起點，更希望讀者能將這些知識與生活或工作遭遇的問題做連結，進一步提出屬於自己的問題，並累積解決問題的技巧。

因此，這本書有兩大特色：

我們強調的不只 Python，也是 pandas。

我們強調用 pandas 來解決實際問題。

筆者舉個例子來說明「問題導向學習」。

有一天，具有股市投資專業的學生問我，能不能用 Python 做威廉指標？他在股市投資已有數十年的經驗，他有一個秘密致勝公式會用到威廉指標，他說得口沫橫飛，眉飛色舞，手舞足蹈；我被他的熱情所感染，心裡想著自己就要變成徐菲特了。不過問題是：我不知道也不懂什麼是威廉指標，就請他把威廉指標的公式寄給我，我花了一個小時就寫好威廉指標。

他看了結果有了一點點開心，但不是挺滿意。他說：「能不能不要這麼多歷史資料，就只抓近 30 天就好？」我說：「這簡單！」30 秒弄好給他。

他有點滿意，但又說：「能不能針對台灣所有股票都來做，而不是只針對單一個股？」我心想：「這有點難了，要收集所有股票的近 30 日資料，我要先寫個

爬蟲程式收集；收集完後，再用 pandas 的多層級指標處理。」這可花了好幾天功夫，才將他的秘密致勝公式完成。他滿意了嗎？非常滿意。我成為徐菲特了嗎？沒有，我還在熱情教書！

不過，透過幫他解決問題，我必須不斷學習並提升自己的能力，這就是「問題導向學習」的宗旨。我最後將學習過程變成書本裡的其中一個章節。

本書除了第 15 章的股市分析外，第 12 章是鐵達尼號的資料分析，透過資料的分析，我們才能看到一些現象，了解到人類是能夠犧牲自己來照顧弱者的。鐵達尼號呈現的不只是愛情，還有人類的高貴情操。

第 13 章是我們系上的故事。有一天，系上助理在群組裡放了一個 Excel 檔，內容有關系上的學生來源。就如同一般的文字資料，沒人會想看或打開；不然就是打開，再趕快關起來以免傷眼。當時我正在寫這本書，就想著，何不用 Python 來做個分析？幾個小時後（含資料錯誤修正），就做出幾個重要和有趣的圖表。整個分析流程我將個人資料移除，資料稍微修改，成為第 13 章。

第 14 章是業務單位的銷售分析例子。我們來模擬一個情境：你是行銷部門的主管，

老闆說：「你們今年表現的如何？」

你說：「還不錯！」

老闆問：「跟去年比如何？」

你回：「差不多。」

老闆又問：「今年你們部門裡，哪個單位賣最好？哪個最差？」你回：「嗯……好像都差不多。」

老闆又問：「今年的四個產品裡，哪個賣最好？哪個最差？」

你回：「嗯……我想想，應該是第四個最差，最好的我還不清楚。」

老闆說：「那你覺得自己現在表現如何？」

你心裡一驚：「完了！」

透過我設計的數據，我們試著用 pandas 回答這些問題！以上功能值那位業務主管多少錢？以他的工作薪水，就算 100 萬好了。學會這些可省下他 100 萬，更重要的是，他以後能自己輕鬆解決這些問題，而且將這些資訊轉換成知識，提升他的能力和自信。

第 16 章是問卷處理的例子。我有個夢想……，以後論文的資料分析都能用 pandas 自動化，包含統計分析和資料的描述撰寫。這一章透露出這些可能性，其實，pandas 某種程度還能與 Word 結合，這都讓我與夢想更進一步。當然，我更希望 Python 能幫我把整份研究完成，目前也有不錯的進展！

提醒各位讀者在閱讀時，可以先試著自己解決問題，不用急著看我的寫法；我的答案和做法並非是唯一正解，你寫的答案甚至有可能比我好！在書裡，同一個問題常會提供多種寫法供各位參考。

不過往往會有人這麼說：「寫程式真的好難，不適合我！」其實最難的只有第一步！

因此，我要做的第一個目標，就是幫助大家能在十分鐘寫出第一個程式。

在多方選擇和參考後，我建議各位安裝 Anaconda，編輯器選用 Jupyter Notebook（我們將在第 0 章介紹）。Python 本身是免費的，許多功能強大的第三方套件也是免費的，但因為是由不同人所寫，因此安裝上可能會有些衝突和麻煩。所幸 Anaconda 幫助我們整合了這些工具，並解決衝突問題，這是我選 Anaconda 的原因。其次 Anaconda 安裝完後就有 Jupyter Notebook 這個編輯器。Jupyter Notebook 有三大好處：1. 它是網頁的介面，適合初學者。2. 它非常適合練習，因為每一個步驟都可以在不同的格子（cell）立刻執行並檢視結果。3. 它會自動存檔。

最後解釋一下書名的由來，為什麼會有 One-line Python 這麼厲害的書名呢？

因為上課的時候，我常常打一、兩行指令，就跑出讓學生驚嘆的結果。我就會說：「你看，就這一兩行就夠了，是不是很厲害？」於是就有了 One-line Python 這個構想，但這不是主因。

真正會選成書名是因為，我跟出版社的麗娟溝通時，我提出若干個書名：「輕鬆學 Python、快樂學 Python、好想學 Python、沒有 Python 我活不下去。」

她說：「這些人家都用過了，One-line Python 好。」沒錯！這就是書名的由來。不過，One-line Python 也代表著 Python 簡單和快速的精神。透過指令的簡單化、標準化來提升程式撰寫和使用。

最後介紹 YouTube 中，幾個不錯的 Python 學習資源：

1. 周莫煩的 Python 教學：

    https://www.youtube.com/channel/UCdyjiB5H8Pu7aDTNVXTTpcg。
    裡面對於 Python 的解說很清楚，容易上手，內容也包羅萬象。

2. 如果你英文不錯的，Corey Schafer 的頻道也有豐富 Python 教學：

    https://www.youtube.com/channel/UCCezIgC97PvUuR4_gbFUs5g

3. 大數軟體有限公司的頻道，對於喜歡學習網路爬蟲的人，裡面有許多的實際例子。講師也講得很好。

    https://www.youtube.com/channel/UCFdTiwvDjyc62DBWrlYDtlQ

4. 如果想學自學，Pandas：Data School 裡講解得蠻清楚的（英文的）。

    https://www.youtube.com/channel/UCnVzApLJE2ljPZSeQylSEyg

5. Udemy 裡也有許多好的付費課程：

    https://www.udemy.com/zh-tw/

真的最後了……

預祝大家學習開心，一起學習成長！

目錄

第0章　　Hi, Python!

第1章　　數字與變數

第2章　　字串

第3章　　串列

第4章　迴圈

第5章　字典

第6章　邏輯判斷

第7章　Python的套件與模組

第8章　pandas套件

第9章　pandas DataFrame介紹

第10章　pandas——繪圖

第11章 多層級索引鍵

第12章 鐵達尼號

第13章 pandas──系所生源分析

第16章　pandas——問卷資料分析

第17章　pandas——字串處理

第18章　Pandas Zen禪

Hi Python ！

我常去外地上課，開車時總會說：「Hi Siri ！」，然後它就會用愉悅的聲音回：「又！超級無敵大帥哥，什麼事？」我心裡就會 OS，你怎麼知道我是超級無敵大帥哥，這麼聰明！並展開以下的對話。

> 我會回：「我要去上課，來點輕快的音樂。」
> 她就說：「好的，沒問題！」
> 我又說：「帶我去上課的地點。」
> 她也說：「沒問題。已為您設好導航。」
> 我說：「今天天氣如何？」
> 她說：「就跟你一樣美麗！」
> 我說：「提醒我下午四點去運動。」
> 她說：「帥哥，運動有益健康。四點我會提醒你。」
> 我又說：「幫我準備待會兒上課內容。」
> 她說：「你講的我聽不懂，講清楚點。」
> 我說：「把待會兒上課的投影片讀一次給我聽。」
> 她說：「你付我的錢太少，我不做這件事。」
> 我說：「那你不讀，幫我開車總可以吧？我小瞇一下補點體力待會上課。」
> 她說：「老哥，天堂近了！」

雖然是個科技笑話，但在不遠的未來都能做到。現在的科技能辨識聲音、辨識影像、抓取數據、分析數據、能開玩笑。幫你開車或自動駕車已不是科技幻想。

我對 Python 的期望是什麼？就是將來我們有問題時能說：「Hi Python ！」它就能自動完成許多事。

究竟什麼是 Python 呢？

為什麼它這麼火紅？它的發展歷史又是什麼？

各位一定覺得，Python 這麼火紅，它的發展史一定驚天動地吧？是哪位科學家花了多少年的時間，不吃不喝，三過家門而不入之類的；但 Python 只是一位科學家 Guido van Rossum 因為聖誕節太無聊打發時間開發的一套程式語言。你心想，就這樣？沒錯，而且聖誕節還太無聊！這就是科學家或程式設計師的生活。

在當時他有個想法：現行的程式語言太複雜，即使要完成的是簡單的事。他想設計一個比較容易使用的程式語言，讓使用者能用簡短的幾行指令就能完成想要的工作（這不就是本書 One-line Python 的精神！當然，Guido 才是始祖）。所以一開始，Python 只是希望讓使用者比較容易使用的工具，沒有其他的特殊目的。但這個比較簡單使用的想法，卻是科技創新的重要元素。根據科技接受模型，容易使用和有用性是新科技被接受的兩大主要因素。畢竟誰不想用簡單的指令就完成工作？Python 一開始就提供了一個好的利基點。除此之外，Python 也提供了一個開放的框架，程式設計師可以在此框架下自由的拓展或更改而發展不同的套件。換言之，從一開始 Guido 就不打算獨有 Python，而是讓所有人都能參與這個計畫。當參與人越多，被開發出來的套件越多，Python 也愈來愈強大，吸引更多使用者加入並要求更多功能，於是有更多功能被開發出來，形成網路外部性的效應（也就是大吸引大，更吸引大）。忽然間，Python 從原本只是容易使用的工具，變成了一個「生態系」或生態社團；在社團內的每個人都積極參與、不斷修正和付出，才有今日的 Python。更棒的是，Python 的開發仍遵守著一開始的想法：簡單使用。

所以，Python 近幾年來成為最火紅的程式語言，不僅人氣爆棚，也被廣泛應用於不同領域。Python 同時滿足了：簡單好學、好用、大量的第三方套件，絕對適合初入門的使用者，也絕對適合用在商業領域的中小型自動化。

Python 難道只有好，沒有壞嗎？

Python 這種簡單而且實用至上的想法當然很好；但為了要讓使用者覺得簡單，就必須讓 Python 將許多電腦底層的細節隱藏，讓編譯器自動處理。所帶來的成本就是「慢」。到底有多慢？其實也沒想像中慢，只是相對於其他成熟的程式語言，Python 的執行速度算是慢的。對於要求速度的程式設計師，這會是個要解決的問題；但對於像我一般的使用者，這點就完全不用擔心了，因為我操作起 Excel 更慢。

如果將「慢」看成是缺點，Python 的優點遠大於缺點。因為使用者不用再去煩惱很多細節問題，而是將注意力放在邏輯層面的思考，用最短的時間完成一個成品。在充滿壓力的年

代裡，將注意力放在重要的事情上變得非常重要。Python 讓寫程式變得容易，甚至是有趣。這些特點不僅吸引了使用者，更吸引了眾多的程式設計師加入。很多大公司，包括 Google、YouTube、Instagram、Yahoo 等，甚至 NASA 都大量地使用 Python。

透過以上的分析可以預見 Python 未來的潛力與發展，絕對適合各位投入時間來學習。

Python 雖然慢，但 NumPy 套件的出現，讓 Python 在處理巨大資料的速度一點也不慢。因為 NumPy 的底層是以 C 和 Fortran 語言實作（沒錯，就是那種很快的語言），而且向量化數據，這使得 NumPy 能快速操作多維度的矩陣。但提到多維度、矩陣之類的，你就知道 NumPy 雖然快，但也帶來使用上的難度，眞是一好沒兩好。這時出現了救世主，本書的主角：pandas（功夫熊貓，全場歡呼）；你看，這劇情多麼的曲折。

NumPy 雖快，但使用上較爲不易。pandas 不僅補足了這個缺點，還整合其他重要的功能：像是 Matplotlib，讓 pandas 在繪圖上變得簡單；像是正規語言，讓文字處理變得簡單；像是時間序列的函數，讓資料處理變得容易。換言之，沒有其他同件的支持，就沒有 pandas 的厲害。pandas 眞正的功夫都是靠別人來成就的，pandas 比較像是團隊的領導者。透過學習 pandas，讓我們的功夫能夠立刻提升至最高等級，這也是爲什麼本書設定在 pandas 的原因。

Python 的生態系

行筆至此各位讀者就應該了解，Python 的成功不在個人，而在於整個生態系的強大。這是什麼意思呢？就好比買了 iPhone 手機，它和其他的 Mac 電腦就能溝通，包括電話互接或網頁續讀，這時就產生了 1 加 1 大於 1 的綜效。筆者把 Python 生態系稱爲「功夫熊貓」生態系。沒錯，就跟功夫熊貓的卡通很像。以下一一介紹成員：

✚ 大蟒蛇：就是 Python 本身

首先介紹 Python 這個字的由來。讀者可能會想像，這應該是某個厲害的字縮寫吧！但如同 Guido 在開發 Python 的隨興，Python 這個名稱的來源，只是因爲 Guido 喜歡 Monty Python 這個喜劇團隊，就選了 Python。因此，Python 就只是大蟒蛇的意思！介紹完 Python，來介紹 pandas。

✚ 功夫熊貓：pandas

pandas 可不是眞的熊貓，它的本名是來自 "Panel data"（多維度結構化資料集）。但你知道的，科學家能想到和擁有的幽默就是這些。pandas 主要是基於 NumPy 來做資料整理與分析，特別是提供清楚的資料呈現來運算資料和數字。對於那些長期依賴於數字或 Excel 的專業人士來說，絕對可以將 pandas 列入好好學習的考量。

❖ 螳螂（昆蟲）

Python 提供了許多強大的爬蟲程式來抓取網路上的資料。如：requests, selenium, beautiful soup, scrapy。這些程式能自動地到不同的網站幫忙收集資料並回傳。現在已有許多人利用 Python 來編寫爬蟲程式，在網上搜索數據。前陣子有位國外學者跟我聯繫合作，他就是透過 Python 去抓取網路上的電影評價，想了解使用者如何去挑選想看的電影。你一定會想：這聽起來很困難。但在 Python 生態圈支持下，應該是 10 行左右的程式就能將資料下載下來，不得不佩服 Python 的厲害。

通常爬蟲的課程我會放在大學部，當作 Python 初入門的課程，因為它易學、又有趣、又容易有成就感，最能啓發學生學習動機！

❖ 老虎

老虎是卡通裡武功高強的角色，想當然爾，就是 Python 強大的人工智慧套件。隨著 Google 開發的 Alpha Go 在 2017 年正式打敗世界棋王，機器學習、人工智慧、深度學習幾乎成爲一門顯學；而 Python 可說是人工智慧的入門磚！Python 裡提供許多好用的人工智慧套件，讓原本困難的人工智慧連一般人都能學習使用。

想將 Python 變成你強大的工具，就要知道 Python 的強大不是來自於自己，而是 Python 整個社群的貢獻。他們將不同領域的優點帶給 Python，讓 Python 升級成了熱鬧又豐富的功夫熊貓家族。

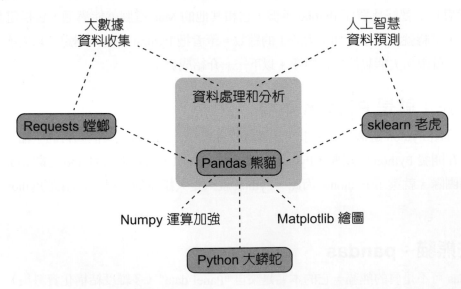

為什麼學 Python ？

　　有人甚至認為，學 C 語言才能成為真正的程式設計高手！沒錯，學 Python 不見得能成為程式設計高手。但我們要的是整個 Python 家族第三方套件的支持，讓我們用最簡單的招式完成困難的工作。快速學習、簡單、功能強大，專注在解決問題上，這是我樂於推薦 Python 給大家的原因！

　　至於慢的問題？比起用 Excel 點來點去其實快多了，更何況可透過爬蟲去自動下載資料，分析完後，自動存回資料。或許對於撰寫大程式是慢，但對於我們一般使用者是綽綽有餘。更何況，如果 Python 的慢是無法解決的致命傷，就不會有這麼多大公司願意為它背書。

微型創業的商機

　　交易成本理論是由諾貝爾經濟學獎得主科斯（Coase, R.H., 1937）所提出。他提到，當交易成本上升後，將帶來企業或中間者來協助降低市場交易成本；相對地，當交易成本降低，這些企業和中間者也將消失。

　　這一波的科技就帶來交易成本的降低，臉書和 YouTube 能夠成為新的行銷平台直播銷售（過去透過廣告商來銷售將會改變）；Line 和 Wechat 就能幫助我們跟廠商訂貨（過去透過貿易商的訂貨方式也會改變），貨運公司甚至是便利超商都能幫我們送貨，這種新的經營方式將衝擊大型百貨。我們可預見，未來會有更多微型創業的機會，直播經濟也將會興起！

　　但對於這些個體戶而言，要處理的雜事就變得很多。又要直播，又要聯絡，這時就要提昇自己能擁有科技的競爭力，毫無疑問的，Python 能幫你很大的忙。

　　我們想像一下，如果要將商品放在臉書銷售，照片要加浮水印，如果一張一張做要花多久時間？如果你會 Python，只要一個按鍵，每張照片都能自動加浮水印，而且位置、大小都能自動調整。我們再想像一下，有人想購買你的商品，於是在商品留言裡寫 +1。如果你的電子商店規模不大，那也還好；如果營銷資料有成千甚至上萬筆，一筆一筆看不僅傷眼，還容易犯錯。這時你就可以想想，是否能用 Python 自動分析留言裡的資料，只抓取 +1 的內容。總而言之，在未來的微型創業機會裡，如果你會 Python，就比別人有更多的競爭優勢。

Python 究竟有什麼魅力，讓大家願意去學習？

筆者簡單列舉幾個可能性讓大家參考。

- Python 能夠當網路爬蟲，去分析網路上的資料。

- Python 能夠分析資料，得到知識和想法（本書的內容）。

- Python 能讀取 Excel 資料，並回存回去（本書的內容）。

- Python 能控制 Word。

- Python 能夠做人工智慧，讓程式的能力更上一層樓。

- Python 能做影像辨識、影像處理。

- Python 能做股票分析。

- Python 能做各種財務數字分析。

- Python 能作為遊戲的外掛或測試程式。

個人例子

筆者在決定要學習程式語言時有兩個選擇：一個是 Python，另一個是 R。後來我選擇 Python。2019 年 1 月，我透過 Python 查詢博客來網路書店，這兩類書的出版情況（以下都是用 Python 做到的）。

首先是 Python 書的前五筆資料：

	書名	出版社	折扣	售價	出版日期	Year
`df.head()`						
0	Python 技術者們：實踐!帶你一步一腳印由初學到精通	旗標	95	618	2018-12-12	2018
1	深度學習入門教室：6堂基礎課程+Python實作練習，Deep Learning、人工智慧、...	臉譜	79	435	2019-01-27	2019
2	金融科技實戰：Python與量化投資	博碩	79	514	2018-01-05	2018
3	Python：網路爬蟲與資料分析入門實戰	博碩	79	356	2018-10-04	2018
4	Python大數據特訓班：資料自動化收集、整理、分析、儲存與應用實戰(附近300分鐘影音教學...	碁峰	79	356	2018-07-11	2018

再來是 R 的前五筆資料：

```
df2.head()
```

	書名	出版社	折扣	售價	出版日期	Year
0	實戰R語言預測分析	松崗	5	260	2018-12-12	2018
1	R語言：金融演算法與台指期貨程式交易實務	博碩	9	450	2019-01-27	2019
2	R 錦囊妙計	歐萊禮	95	646	2018-01-05	2018
3	R語言資料分析：從機器學習、資料探勘、文字探勘到巨量資料分析[第三版]	博碩	78	429	2018-10-04	2018
4	精通大數據!R 語言資料分析與應用 第二版	旗標	95	684	2018-07-11	2018

接下來我想知道這兩類書依年份的出版情況，做出的分析圖如下：

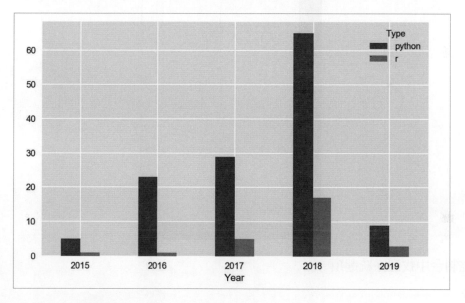

可以看出這兩類書籍都有快速成長的趨勢，Python 的書又比 R 更多。當然，還可以進一步依照出版社來分析。從這張圖可以看出，目前市場對於 Python 的渴望。

安裝 Anaconda

Anaconda 擁有下列特點，使其成為初學者最適當的 Python 開發環境。

- 內建眾多流行的科學、工程、數據分析的 Python 套件。
- 完全免費及開源。
- 支援 Linux、Windows 及 Mac 平台。
- 支援 Python2.x 及 3.x，且可自由切換。
- 內建 Jupyter Notebook 編輯器。

Anaconda 安裝步驟

在瀏覽器開啓「https://www.anaconda.com/download/」下載頁面，下載檔案分爲 Python 3.7、Python 2.7，請選擇 3.7 版本。再來要抉擇是 64 位元或 32 位元，一般來說，新電腦都是 64 位元 （本範例使用 Python 3.7 version 64 位元）。如果需要查詢電腦位元，請使用 Windows 的搜尋系統，搜尋控制台：

在控制台中找到系統選項。

點開系統選項後就可以確認電腦的位元。

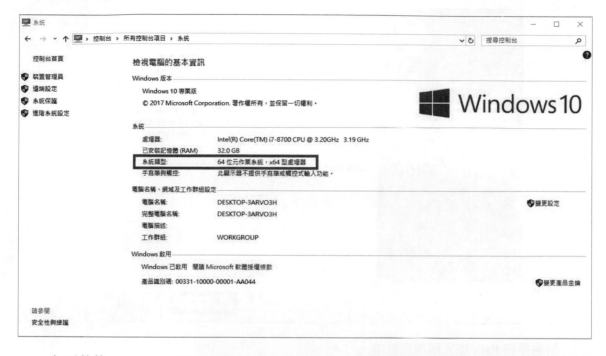

在下載的 <Anaconda3-5.3.0-Windows-x86_64.exe> 上點擊滑鼠左鍵兩下開始安裝，於開始頁面點擊 Next，再於版權頁面點擊 I Agree，再來就是一些下一步（Next）。

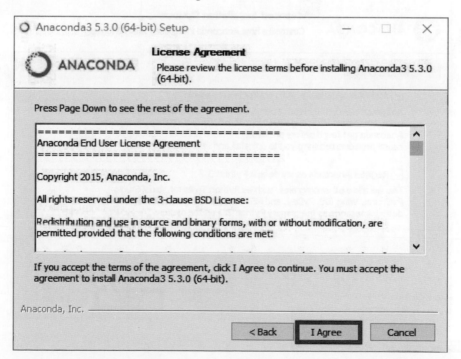

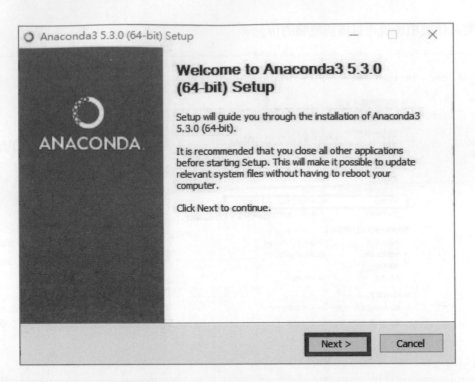

請選擇將 Path 加入環境變數中。

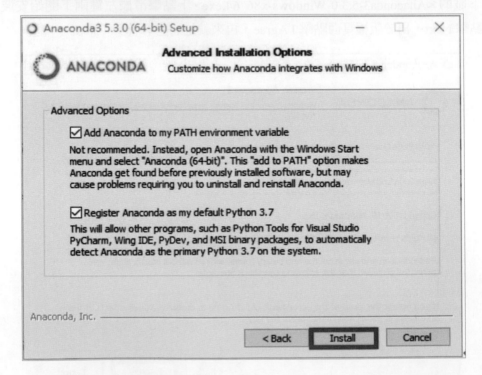

直到安裝完畢！

安裝完成後點擊左下角 Windows 開始圖示 ，在「最近新增」中找到 Anaconda 資料夾，開啓之後點擊「Anaconda Navigator」。

開啓 Anaconda Navigator 後等待一小段時間，等出現下圖的畫面即可使用。

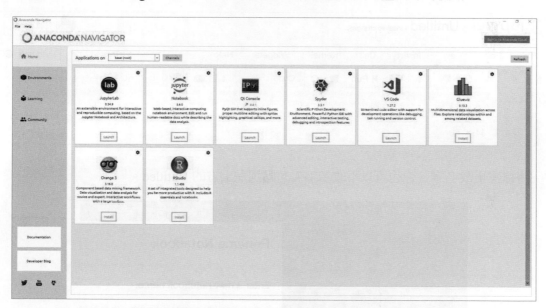

選左上第二個 Jupyter Notebook 就執行第一個程式。這是打開後的畫面：

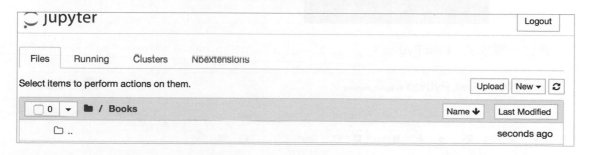

如果要打開一個能執行的 Python 畫面,請在最右方選取 Python 3。

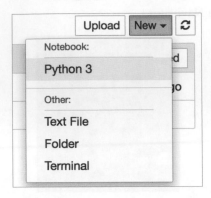

下圖是打開後的畫面。

將檔案更改名字(你也可以不改名字),點選左上方的 Untitled。

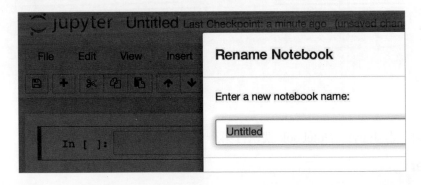

給它一個名字:First Python。

恭喜了！接下來就可以執行 Python。

試著輸入第一行指令，請輸入「2+3」。

```
In [ ]:  2+3
```

如果要送給 Python 處理，請按「shift+enter」在這個 cell 裡執行。

```
In [1]:  2+3
Out[1]:  5
```

如果你看到 5 就非常恭喜你啦！ You make it ！

是不是在 10 分鐘內就能開始學習呢？這就是為什麼我推薦 Jupyter Notebook 的原因了！

在 Jupyter Notebook 中，快速鍵分為命令模式（Command Mode）和編輯模式（Edit Mode）。命令模式操作對象是操作格（cell），也就是可以對操作格進行插入或刪除等操作。

請選擇某個操作格，並按 Esc 鍵進入命令模式，在命令模式中，操作格左側的顏色是藍色的。

```
In [1]:  2+3
Out[1]:  5
```

在命令模式下，常用的快速鍵有：

a：在操作格上方插入操作格。

b：在操作格下方插入操作格。

x：剪下操作格，也可用來刪除。

請同學在命令模式下，多按幾個 a 和 b 看看是否有增加操作格。

```
In [ ]:

In [ ]:

In [ ]:

In [ ]:

In [1]:  2+3
Out[1]:  5

In [ ]:
```

按下 Enter 時會切換到編輯模式，這時操作格左側的顏色會變成綠色：

```
In [1]: 2+3
Out[1]: 5
```

編輯模式最重要的就是：Shift+Enter：執行操作格

忘了存檔也不用擔心，因為是自動存檔。

如果你想知道 Jupyter Notebook 的工作目錄，也就是檔案存放在哪兒要怎麼找呢？

請在操作格內打 pwd，並按 shift+Enter 執行。

```
In [2]: pwd
Out[2]: '/Users/simon/Dropbox/PythonBook/Books'
```

將來想要備份檔案，想要查找資料存放到哪兒，只要輸入指令就可以知道！

如果想將檔案存放到這個目錄，還有另一個方法：

先回到一開始的畫面：

選擇右上方的 Upload。

選好檔案後，會出現藍色的 Upload 鈕；此時再按下即可上傳到你的工作目錄去。我上課教學生都是用這個方法，比較簡單！

第 1 章

數字與變數

━━━━━ **本章學習重點** ━━━━━

1-1　基本資料型態

數值型態（**Numeric type**）

- 整數 int、浮點數 float、布林值 bool。

字串型態（**String type**）

- " "。

容器型態（**Container type**）

- 串列 list、集合 set、字典 dict、元組 tuple。

1-2　數值

先介紹數值的基本運算

- 基本的加（+）、減（-）、乘（*）、除（/）。

範例 1　減

> 程式碼中 '#' 為註解，並不會執行

┃ 程式碼

```
# 減
2-1
```

┃ 執行結果

```
1
```

範例 2　加

┃ 程式碼

```
# 加
1+1
```

┃ 執行結果

```
2
```

範例 3　乘

程式碼

```
# 乘
2*1
```

執行結果

```
2
```

範例 4　除

程式碼

```
# 除
3/2
```

執行結果

```
1.5
```

範例 5　取除法結果的商數

程式碼

```
# 取除法結果的整數
3//2
```

執行結果

```
1
```

範例 6　取除法結果的餘數

程式碼

```
# 取除法結果的餘數
7%3
```

執行結果

```
1
```

範例 7 指數，求 **2** 的次方

▌程式碼

```
#  指數，爲 2 的 3 次方
2**3
```

▌執行結果

8

數值基本運算的優先順序

Python 具備如數學運算般先乘除後加減的優先順序。

範例 8 具備先乘除後加減

▌程式碼

```
#  具備先乘除後加減
2+5*5+4
```

▌執行結果

31

我們可以利用括號改變優先順序，如範例 9 中，因爲括號的優先權高於乘除，因此，要先計算 2+5=7，再計算 7*5=35，最後計算 35+4，得結果爲 39。

範例 9 利用括號改變優先順序

▌程式碼

```
#  能用括號改變優先順序
(2+5)*5+4
```

▌執行結果

39

✤ 隨堂練習

1. 請問以下的值為何？

```
34/2*5
```

2. 承上，如果要除的是 2*5 該怎麼做？

....

取得資料型態與資料型態轉換

範例 10　取得資料型態 (1)

▌程式碼

```
# 如果要知道資料型態，就用函數 type()
type(2)
# 整數
```

▌執行結果

```
int
```

範例 11　取得資料型態 (2)

▌程式碼

```
type(2.5)
# 浮點數
```

▌執行結果

```
float
```

範例 12　資料型態轉換 (1)

▌程式碼

```
# 可以透過 int() 將浮點數變成整數
int(2.5)
```

▌執行結果

```
2
```

範例 13 資料型態轉換 (2)

▌程式碼

```
# 也可以透過 int() 將字串數變成整數
int('2')
```

▌執行結果

```
2
```

範例 14 資料型態轉換 (3)

▌程式碼

```
# 如果要將字串變成浮點數
float('2.38')
```

▌執行結果

```
2.38
```

1-3　變數

　　許多時候，我們並不會直接使用數值，而是透過「變數」來記錄數值。究竟什麼是變數？

變數

- 其功能在於儲存資料，便於之後使用；
- 變數更接近人類使用，因此在變數命名上宜具有意義。

變數命名原則

- 不能用數字開頭；
- 中間不能有空白（my dog），要用底線（my_dog）；
- 不能使用特殊符號 :()@#$&*~；
- 不能使用保留字（list、int、str 等）。

重要觀念

- 在 Python 裡，大小寫的變數是不同的變數。如 DOG 和 dog 是不同的。

範例 15　將數值 10 指定給變數 a

▌程式碼

```
# a = 10
# a 為變數，其值透過 = 來指定
a = 10
a
# 在 jupyter notebook 中，最後一個變數會自動被列印出來
# 正常來說，列印要用 print 指令
```

▌執行結果

```
10
```

請注意，這裡程式碼中的等號並非數學的等號，而是程式語言裡面「指派」的功能。它會把等號右邊的資料（或計算結果）指派給左邊的變數。步驟是先計算等號右邊的運算式之後，再將結果指派給左方的變數。譬如：a=a+1，程式就會先將 a（是 10）＋ 1 等於 11 之後，再指派給原本的 a，這時 a 就是 11。這很重要喔，讀者一定要清楚！

範例 16　承範例 15，輸出 a 的值 (1)（在 Colab 和 Jupyter Notebook 裡，才能直接用變數名稱來查詢資料）

▌程式碼

```
a
```

▌執行結果

```
10
```

範例 17　承範例 15，印出 a 的值 (2)

▌程式碼

```
print(a)
```

▌執行結果

```
10
```

初學者常犯的錯誤：a 與 'a' 的差異

a 是變數，其內存的可以是任意值；而 'a' 是字串，其值是 'a'，如果你要的是變數 a 裡的
值，記得要用 a，而不是 'a'。

範例 18　利用一行指令指定兩個變數的值

▍**程式碼**

```
# 在 Python 中比較特別的是一次能指定兩個變數的值，但等號的左邊和右邊的個數要相同
x,y = 10,20
print(x,y)
```

▍**執行結果**

```
10 20
```

範例 19　變數相加 (1)

▍**程式碼**

```
# 變數 a 可用來相加
a + a
```

▍**執行結果**

```
20
```

範例 20　變數相加 (2)

▍**程式碼**

```
# 相加後存到 b
b = a+a
b
```

▍**執行結果**

```
20
```

範例 21　變數相加 (3)

▌程式碼

```
#  相加後也能存回 a
#  在數學上這個式子是不成立的。但在程式語言中，我們是先計算 = 的右邊，再放回左方的變數
a = a+a
a
```

▌執行結果

20

範例 22　修改變數值 (1)

▌程式碼

```
#  因爲常常需要將變數值修改後存回原變數，因此有縮簡的寫法
#  譬如 a = a+1 能簡化成 a += 1
#  a = a*5 -> a*=5
a = 5
a = a+5
print(a)
```

▌執行結果

10

範例 23　簡化修改變數值

▌程式碼

```
#  上式可簡寫
a = 5
a += 5
print(a)
```

▌執行結果

10

範例 24　承範例 **23**，取得變數 **a** 的資料型態

▋ 程式碼

```
# 整數可以說是最簡單的資料型態
# 透過 type 指令，能知道這筆資料的資料型態
type(a)
```

▋ 執行結果

```
int
```

範例 25　取得變數 **a** 的資料型態 **(2)**

▋ 程式碼

```
# 如果 a 是 30.1，其資料型態就為浮點數
a=30.1
type(a)
```

▋ 執行結果

```
float
```

Python 的動態編譯觀念

- 相較於其他程式語言，Python 的變數資料型態是動態編譯的。
- 換句話說，同一個變數可以是整數，但稍後也可以將它換為字串。
- 優點：程式容易入門，不用理會資料型態。
- 缺點：
  (1) 容易產生非預期錯誤。
  (2) 如果出錯，要用 type() 函數來檢查每個變數。

範例 26　動態編譯 **(1)**

▋ 程式碼

```
my_cat = 1
type(my_cat)
```

▎執行結果

```
int
```

範例 27　動態編譯 **(2)**

▎程式碼

```
my_cat = 'Simon'
type(my_cat)
```

▎執行結果

```
str
```

範例 28　動態編譯 **(3)**

▎程式碼

```
# 請注意，數字和文字不能相加
a='hello '
a+3
# 會有錯誤訊息提示
```

▎執行結果

```
---------------------------------------------------------------------------
TypeError                                 Traceback (most recent call last)
<ipython-input-1-de17764cc05b> in <module>
      1 # 請注意，數字和文字不能相加
      2 a='hello '
----> 3 a+3
      4 # 會有錯誤訊息提示

TypeError: can only concatenate str (not "int") to str
```

1-4　輸入與輸出指令

　　在範例 29 中，我們示範最簡單的人機互動指令 input，用來引導使用者輸入數值，並將值存入變數當中。接著再使用 print 指令，將變數中的值印出來。

範例 29　輸入指令－ input

▌ 程式碼

```
# 最簡單的人機互動指令，input
data = input('請輸入要計算的數學：')
# 使用者輸入後，將其值存入 data
print(data)
# 印出 data
print(type(data))
# 查看資料型態
# input 得到結果為字串 'str'
```

▌ 執行結果

```
請輸入要計算的數學：35
35
<class 'str'>
```

範例 30　輸出指令－ print

▌ 程式碼

```
# 我們可透過 eval 來計算出其結果
data = input('請輸入要計算的數學：')
print(eval(data))
```

▌ 執行結果

```
請輸入要計算的數學：35+20
55
```

1-5　章末習題

1.　請算出 1+2+3+...+10 的值。
2.　請算出 (1+2)*3+5 的值。
3.　請算出 10 % 3 的值。
4.　請算出 3 的 3 次方的值。
5.　請問 3+4.5 的資料類型是什麼？（可用 type 檢查）
6.　將變數 a 儲存為 3 後，列印出 a 的值。再將 a 的值儲存為 5，再列印出新的 a 的值。

第 2 章

字串

字串：簡單來說就是文字

「字串」是人類的語言，並非機器的語言。

由於人類需要文字才能溝通和理解，因此才會有「字串」的資料型態出現。

事實上，在電腦的語言中都是 0 與 1 的組合，透過編碼才變成文字。因此，如果是電腦之間的溝通，就不會是文字，而是 00110111。

字串資料可以是以單引號（'）或雙引號（"）包起來的文字資料。

2-1　字串介紹

我們做個簡單的實驗，將文字 'a' 變成電腦能理解的數字；讓 print 能將 ord('a') 的值列印出來。所以，文字 'a' 在電腦中所代表的是 97。

範例 1 文字的數字值

┃ 程式碼

```
print(ord('a'))
```

┃ 執行結果

```
97
```

我們也可以透過 chr() 將數字還原成文字，這就說明文字在電腦裡其實是數字。

範例 2 數字還原成文字

┃ 程式碼

```
chr(97)
```

┃ 執行結果

```
'a'
```

字串資料可以是以單引號（'）或雙引號（"）包起來的文字資料。

範例 3 字串在 **Python** 中的表達方式

▍ 程式碼

```
print('abc')
print("abc")
```

▍ 執行結果

```
abc
abc
```

用 print 指令能將 message 裡的字串列印出來。

範例 4 列印變數裡的值

▍ 程式碼

```
message = 'Hello'
print(message)
```

▍ 執行結果

```
Hello
```

請留意沒有加引號和有加引號的差異：如果是 print('message') 則是印出 message 這個字串；如果是 print(message)，則是印出 message 變數所存放的值。怎麼去判斷是變數或是字串呢？關鍵是引號。有引號的就是字串。

範例 5 列印變數和字串的差異

▍ 程式碼

```
print(message)
print('message')
```

▍ 執行結果

```
Hello
message
```

變數大小寫的差異

print(Message) 會是錯的，因為在 Python 中，變數大小寫並不相同。

2-2　字串的運算

在 Python 中，字串的加和乘有其特殊的用法。

- 字串相加：兩個字串資料做相加（+）的運算，代表將兩個字串資料串接起來。
- 字串相乘：表示要將字串重複串接幾次。

範例 6　字串加號

程式碼

```
a = 'Hello'
b = "My friend"
a+b
```

執行結果

```
'HelloMy friend'
```

如果想在上例的 'HelloMy friend' 之間加入一個空格該怎麼辦呢？

範例 7　用 ' ' 或 " " 來增加空白

程式碼

```
a + " " + b
```

執行結果

```
'Hello My friend'
```

範例 8　承範例 6，字串 *5，等於串接 5 次

程式碼

```
a * 5
```

執行結果

```
'HelloHelloHelloHelloHello'
```

那麼，如果想在範例 8 的 'HelloHelloHelloHelloHello' 增加空白區隔，該怎麼做？

範例 9 用 ' ' 來增加空白，用 * 來增加次數

┃ 程式碼

```
(a + ' ')*5
```

┃ 執行結果

```
'Hello Hello Hello Hello Hello '
```

2-3 print 指令列印文字的常用方法

- 用加號：資料需全部轉成字串。
- 用逗號：用的是 print 函數裡參數的功能。

範例 10 print 內用加號的說明

┃ 程式碼

```
a = 'Hello'
b = "My friend"
print(a+b)
```

┃ 執行結果

```
HelloMy friend
```

範例 11 print 內用逗號的語法說明

┃ 程式碼

```
a = 'Hello'
b = "My friend"
print(a,b)
```

┃ 執行結果

```
Hello My friend
```

範例 11 與範例 10 輸出的差別，在於 print(a,b) 使用逗號會多加一個空格，因為在 print 裡，每個參數會自動增加空格。

如果想取消逗號的空格，可以用「sep」參數來變更或取消分隔符號。

範例 12 取消逗號的空格

▌ 程式碼

```
a = 'Hello'
b = "My friend"
print(a,b,sep='')
```

▌ 執行結果

```
HelloMy friend
```

如果變數 a 的資料型態是文字，變數 b 的資料型態是數字，該如何做字串的連結呢？
Python 中可以先用 str() 函數將整數或浮點數變成字串，再「＋」就可以連接不同字串。

範例 13 文字和數字的連結

▌ 程式碼

```
a='hello '
b=3
print(a+str(b))
```

▌ 執行結果

```
hello 3
```

另一種方式是用 print 裡的逗號 (,) 分隔，這種方式的好處是，每個參數的資料型態都可以
是不同的。

範例 14 字串和數字的印出

▌ 程式碼

```
a='hello '
b=3
print(a,b)
```

▌ 執行結果

```
hello  3
```

print() 預設在印出字串後，會在文末補上換行符號。因此，如果連續執行兩次 print()，會看到兩句之間是換行的。如果你不想要預設的換行，想要換成別的，可以使用參數「end」來變換。

範例 15　沒有變更換行符號

▌程式碼

```
print(a)
print(b)
```

▌執行結果

```
hello
3
```

範例 16　將換行符號改為空白

▌程式碼

```
print(a, end=' ')
print(b)
```

▌執行結果

```
hello  3
```

那如果想在同一個 print 指令，又有換行效果呢？這時可以用 \n（換行控制字元），Python 看到字串裡有 \，就知道有特殊控制字元的存在。

範例 17　用 \n 來控制 print 換行

▌程式碼

```
print("Hello\nMy friend")
```

▌執行結果

```
Hello
My friend
```

2-4 介紹 f_string 的常用方法

另一種常用的字串處理方式是用 f_string（format string 的縮寫）。f_string 仍是字串，但其優點是能將變數透過大括號 {} 放入字串裡，這是新版才有的功能，很方便。

範例 18 f_string 的使用

程式碼

```
a='hello '
b=3
f'{a} {b}'
```

執行結果

```
'hello  3'
```

範例 19 f_string 裡的參數可以使用加減乘除

程式碼

```
f'{a*3} {b}'
```

執行結果

```
'hello hello hello  3'
```

因為 {} 內仍視為變數，因此能用 a*3。f_string 更方便的是可以用來設定文字輸出的格式，例如：我們希望數字的千位數能用逗點區隔，語法是冒號後加「,」。請注意：輸出結果是文字，而非數字。

範例 20 f_string 千位數逗號

程式碼

```
data = 12500
f'{data:,}'
```

執行結果

```
'12,500'
```

如果希望數字能對齊，可設定變數所佔位置大小。在範例 21 裡的 10 表示要有 10 格大小，＞表示向右對齊，再加逗號。

範例 21　**f_string 控制輸入長度**

▌ 程式碼

```
f'{data:>10,}'
```

▌ 執行結果

```
'    12,500'
```

如果你不喜歡用空格來填補，可在冒號右方加入你要填入的字元。

範例 22　**f_string 裡的空白用 '*' 來填補**

▌ 程式碼

```
f'{data:*>10,}'
```

▌ 執行結果

```
'****12,500'
```

冒號右方的 < 表示向左對齊。

範例 23　**f_string 的資料對齊方向──向左對齊**

▌ 程式碼

```
f'{data:<10}'
```

▌ 執行結果

```
'12500     '
```

冒號右方的 ^ 表示置中對齊。

範例 24　f_string 的資料對齊方向──置中對齊

▌**程式碼**

```
f'{data:^10}'
```

▌**執行結果**

```
'   12500   '
```

接下來介紹浮點數的格式處理，冒號的右方 .2 表示小數點兩位，f 表示浮點數。

範例 25　f_string 的浮點數控制

▌**程式碼**

```
f_data = 123.8868
f'{f_data:.2f}'
```

▌**執行結果**

```
'123.89'
```

如果資料要變成百分比輸出，需要將 f 改成 %。

範例 26　f_string 百分比輸出

▌**程式碼**

```
f_data = 123.8868
f'{f_data:.2%}'
```

▌**執行結果**

```
'12388.68%'
```

2-5　透過方格的繪製來熟練 print 和字串

- 由於列印 print 是程式與人的溝通介面，讀者必須熟悉其使用方式。
- 以下用三種方法來繪製方格，並熟練 print 指令。

範例 27　用 print 直接畫出方格

▌ 程式碼

```
print("*****")
print("*   *")
print("*   *")
print("*****")
```

▌ 執行結果

```
*****
*   *
*   *
*****
```

當 print 看到「\n」在字串裡時，會知道這是要換行的意思。「\」是特殊控制字元，也稱為跳脫字元，「\n」為換行，「\t」為加 tab 鍵。

範例 28　用 \n 來畫出方格

▌ 程式碼

```
print("*****\n*   *\n*   *\n*****")
```

▌ 執行結果

```
*****
*   *
*   *
*****
```

當字串長度很長時，可用三個單引號或雙引號包覆（''' '''，""" """）會更方便，因為它允許資料能換行。

範例 29 用三個引號的方式來畫出方格

┃ 程式碼

```
print("""*****
*    *
*    *
*****""")
```

┃ 執行結果

```
*****
*    *
*    *
*****
```

但以上做法都沒考慮到如果方格的長度改成 20 顆星。在練習中，我們會用到字串的乘法，要注意，必須配合 sep=''，不然參數間會多加一個空白。

範例 30 20 顆星的方格 (1)

┃ 程式碼

```
print("*"*20)
print("*"," "*18,"*",sep='')
print("*"," "*18,"*",sep='')
print("*"," "*18,"*",sep='')
print("*"*20)
```

┃ 執行結果

```
********************
*                  *
*                  *
*                  *
********************
```

範例 31　20 顆星的方格 (2)

程式碼

```
a="*"*20
b="*"+" "*18+"*"
print(a)
print(b)
print(b)
print(b)
print(a)
```

執行結果

```
* * * * * * * * * * * * * * * * * * * *
*                   *
*                   *
*                   *
* * * * * * * * * * * * * * * * * * * *
```

我們來想想，如果每次都要改數字是不是很麻煩？這時就可利用變數 row 來設定星星的長度。

範例 32　假設要 50 個星星，row = 50，用 row 變數控制星星的長度

程式碼

```
row=50
print("*"*row)
print("*"," "*(row-2),"*",sep='')
print("*"," "*(row-2),"*",sep='')
print("*"," "*(row-2),"*",sep='')
print("*"*row)
```

執行結果

```
* * * * * * * * * * * * * * * * * * * * * * * * * * * * * * * * * * * * * * * * * * * * * * * * * *
*                                               *
*                                               *
*                                               *
* * * * * * * * * * * * * * * * * * * * * * * * * * * * * * * * * * * * * * * * * * * * * * * * * *
```

那麼，是不是能進一步讓使用者輸入想要的長度呢？我們可以利用 input 指令來製作，因為 input 的輸出是字串，因此，要透過 int() 函數將字串轉換成數字。

範例 33 透過 input 指令讓使用者控制星星的長度

▍程式碼

```
row = int(input("要幾橫點的表格？"))
print("*"*row)
print("*"+" "*int(row-2)+"*")
print("*"+" "*int(row-2)+"*")
print("*"+" "*int(row-2)+"*")
print("*"*row)
```

▍執行結果

要幾橫點的表格？30

```
******************************
*                            *
*                            *
*                            *
******************************
```

2-6　字串的專用函數

- 在 Python 裡，每個資料型態都是物件，字串也是物件。

- 因為物件的關係，字串本身就有許多好用的專用函數（正確說法是「方法」，不過為了方便起見，我們將「方法」和「函數」視為相同）。

- 呼叫物件方法的方式：.方法()。先小點數，再方法名字，再加小括號。

- 在 Python 裡，所有函數或方法都是用小括號()。

範例 34　將每個字的第一個字元大寫

▌程式碼

```
name = 'peter hsu'
name.title()
```

▌執行結果

```
'Peter Hsu'
```

範例 35　將所有字元大寫

▌程式碼

```
name.upper()
```

▌執行結果

```
'PETER HSU'
```

範例 36　將所有字元小寫

▌程式碼

```
name.lower()
```

▌執行結果

```
'peter hsu'
```

取掉字串兩邊多餘的空白

有時字串兩邊會有多餘的空白，可用 strip() 來處理。可以這樣記憶：stripper 脫衣舞娘。

• 取掉字串左方的空白，用 lstrip，l 表示 left 的意思。

範例 37　lstrip()

▋ **程式碼**

```
name = '    peter  Hsu    '
name.lstrip()
```

▋ **執行結果**

```
'peter  Hsu    '
```

• 取掉右方的空白，用 rstrip()。

範例 38　rstrip()

▋ **程式碼**

```
name = '    peter  Hsu    '
name.rstrip()
```

▋ **執行結果**

```
'    peter  Hsu'
```

• 同時取掉左、右方的空白，事實上，strip() 也會取掉 \n 的換行符號。

範例 39　strip()

▋ **程式碼**

```
name = '    peter  Hsu    '
name.strip()
```

▋ **執行結果**

```
'peter  Hsu'
```

可用 replace 函數來置換字元，譬如：將所有的空白拿掉，用 replace 將 ' ' 換成 "。

範例 40　replace(' ',")

▌程式碼

```
name = '    peter  Hsu    '
name.replace(' ','')
```

▌執行結果

'peterHsu'

replace 也可將字串內的內容置換成其他字。

範例 41　用 replace 將 Hsu 換成 John

▌程式碼

```
name.replace('Hsu','John')
```

▌執行結果

'   peter John   '

2-7　字串裡的字元切割

- 字串可以想像成是連續存放的資料，在 Python 裡可用索引區間來取值。索引區間取值一般又稱為 slice（切片）。我們可以想像把一條長長的土司麵包切成一片一片，再取出一部分的麵包。
- 語法：[索引起始點：索引終點 (不包含)：索引間隔值]

取東西是用中括號，第一個字元從 0 開始。

範例 42　取第一個字元 (1)

▌程式碼

```
string = 'hello'
string[0]
```

▌執行結果

'h'

你也可以直接用字串來取第一個字元。

範例 43　取第一個字元 (2)

▌程式碼

```
'hello'[0]
```

▌執行結果

'h'

下一個字元的位置是 1。

範例 44　取第二個字元

▌程式碼

```
'hello'[1]
```

▌執行結果

'e'

最後一個字元可用 -1 表示，這樣你就可以不用辛苦地數位置。

範例 45　取最後一個字元

▌ **程式碼**

```
'hello'[-1]
```

▌ **執行結果**

```
'o'
```

範例 46　如果要取的字串範圍是從 h 到 e，終點指標 2 是不包含的

▌ **程式碼**

```
string = 'hello'
string[0:2]
```

▌ **執行結果**

```
'he'
```

如果從指標 0 開始取字串中的字元，還可進一步省略起始值。

範例 47　省略起始點

▌ **程式碼**

```
string = 'hello'
string[:2]
```

▌ **執行結果**

```
'he'
```

範例 48　取字串 hello 中從 l 到 o，即 'llo'

▌ **程式碼**

```
string = 'hello'
string[2:5]
```

▌ **執行結果**

```
'llo'
```

如果終點是包含最後一個值，亦可省略終點。

範例 49　省略終點

▌ 程式碼

```
string = 'hello'
string[2:]
```

▌ 執行結果

'llo'

接下來我們取「hello」的奇數位置的字元，可以將起點值和終點值都省略，然後間隔值設為 2，間隔的設定在第二個冒號（:）之後。

範例 50　間隔值設定

▌ 程式碼

```
string = 'hello'
string[::2]
```

▌ 執行結果

'hlo'

範例 51　取 string 的偶數字元

▌ 程式碼

```
string = 'hello'
string[1::2]
```

▌ 執行結果

'el'

我們也可以用「-1」來反向取字串字元。

範例 52 間隔 **-1** 可反轉 **string** 的順序

▍程式碼

```
string = 'hello'
string[::-1]
```

▍執行結果

```
'olleh'
```

2-8　字串裡的文字切割

在 2-7 節中介紹的是處理字串裡的每個字元，本節介紹的是如何取出每一個字，預設取字的分割是用空白。

先用上一節教的方法，將 'Hello world!' 切割成兩個字 'Hello' 和 'world!'。這有點麻煩，因為要算位置。

範例 53 將 **'Hello world!'** 切割成兩個字 **'Hello'** 和 **'world!'**

▍程式碼

```
string = 'Hello world!'
s1 = string[:5]
s2 = string[6:]
print(s1)
print(s2)
```

▍執行結果

```
Hello
world!
```

更簡單的方式是用 string 的函數 split()，透過 split(' ') 將字串用空白分成兩個串列裡的元素，其回傳值為串列（list），串列的觀念會在第 3 章中介紹。我們將結果存入 res 變數，便於接下來相關範例的分析。

範例 54　split(' ') 做字串取字

▌程式碼

```
res = string.split(' ')
res
```

▌執行結果

```
['Hello', 'world!']
```

串列跟字串的索引很類似，都是從 0 開始。譬如，你要取 'Hello'，可以用範例 55 的方式執行。

範例 55　承範例 54，取 ['Hello', 'world!'] 的 'Hello'

▌程式碼

```
res[0]
```

▌執行結果

```
'Hello'
```

範例 56　承範例 54，取 ['Hello', 'world!'] 的 world!

▌程式碼

```
res[1]
```

▌執行結果

```
'world!'
```

如果你都熟悉，就可用 One-line Python 的方法了。雖然是一行，但其實是先將字串轉成串列，再取出第一個元素！

範例 57 指令的串連，取 ['Hello', 'world!'] 的 'Hello'

程式碼

```
string.split(' ')[0]
```

執行結果

```
'Hello'
```

✤ 隨堂練習

請取出 'I love u' 裡的 love（提示：split 的內定分割是空白，因此，參數也可省略不寫，即 split()）。

2-9 字串的性質：內容不可變（Immutable）

- 字串內的字元不允許直接改變。

例如，當我們想大寫 'hello' 的第一個字元，大家會有的想法，是取出 'hello'[0] 即第一個字元，再置換它，但在實作上是不行的，錯誤的原因是，字串的內容是無法改變的。

範例 58 修改字串的錯誤示範

程式碼

```
string = 'hello'
string[0]='H'
```

執行結果

```
---------------------------------------------------------------------------
TypeError                                 Traceback (most recent call last)
<ipython-input-65-4817a8df285f> in <module>()
      2 string = 'hello'
      3 # 大家在會有的想法是，取出string[0]即第一個字元，再置換它
----> 4 string[0]='H'
      5 # 錯誤的原因是，字串的內容是無法改變

TypeError: 'str' object does not support item assignment
```

雖然我們無法改變字串的內容字元，但是可以將字串整個置換。很多人以為內容不可變，變數也不可置換，但其實變數是可置換的。

範例 59 字串整個置換練習

▌ 程式碼

```
string = 'hello'
string = 'H'+string[1:]
string
```

▌ 執行結果

'Hello'

變數的樣貌整理

- 學習到現在，你會發現變數後有接小括號、中括號或小數點。這分別代表什麼意思呢？以下是筆者的整理：
  - 變數：純變數。譬如：a, b, c。
  - 變數 ( )：小括號表示函數。函數內參數用逗號區隔，像是 var(a, b, c)。
  - 變數 [ ]：中括號表示抽取變數內的元素。
  - 變數 . ：小數點表示使用物件內的屬性或函數。

2-10　章末習題

1. 用 input() 讀入一個數字儲存在變數 a 中，最後用 print 指令印出。" 我最喜歡的數字是 ..."。

2. 請練習將 'hello' 的每一個字元都取出來。

3. 請練習使用索引值的方式將 'I love you' 裡的三個字取出來。

4. 承上題，將取出的 I love you 反轉成 uoy evol I。

5. 小明寫情書給女朋友 abey，想寫 I love you so so ... (100 次) much。請用 Python 來協助他。

6. 承上題，abey 收到情書一開始很開心，但後來發現每次都一樣，就知道小明原來是用 Python 寫的。她很不開心！為了幫助小明，請將上式改成 I love you so so ... （so 的次數為 1-100，利用亂數決定）much. 其實在人類世界裡，亂數扮演一個重要的角色。因此，透過亂數，可以讓程式的表現更像人類（提示：用亂數套件 import random, random.randint）。

7. 請將 12223.88776655 用 f_string 輸出成小數點 3 位。

8. 請將 0.25 用 f_string 表示成 25%。

第 3 章
串列

串列（list）簡單地說，就是將所有東西放在一起

同學可能會有個疑問：為什麼需要「串列」這種資料型態？假設小明有三科的成績：國文 80 分、英文 85 分、數學 70 分。用之前的做法，我們可以假設變數 Chinese=80, English=85, Math=70。但如果今天小美同樣也有三科成績，在變數命名上就會變得相對複雜。譬如小明，我們就要寫成 Min_chinese=80，小美則要寫成 Mei_chinese=86。雖然可行，但使用上較不方便。

這時串列就讓事情變得簡單！

我們可假設變數 score = [80, 85, 70]。其中第一個值為小明的國文成績，第二個值為英文成績，第三個值為數學成績。如果要取國文成績的做法就是 score[0]。score[0] 表示取 score 變數中第 0 個位置的值（請注意，在 Python 是從 0 開始算位置）。那英文成績呢？score[1]；同理，數學成績就是 score[2]。這麼一來簡化了變數的複雜性，從三個變數變成一個。但缺點就是我們要知道每個變數的位置是什麼。

小明的成績可用 Min_score 表示，而小美的成績可用 Mei_score 表示。本來要六個變數，現在簡化成兩個變數。

除了簡化變數外，我們也可善用串列變數的特性來取成績裡的平均值或最大值。我們在之後會詳細介紹！

3-1　串列介紹

- 串列是用中括號 [ ] 表示。
- 串列裡的資料用逗號區隔。
- 譬如 [1, 2, 3]；表示資料型態是串列，裡面的值是數字 1, 2, 3。
- 串列裡什麼都能放：函數、文字、數字。

由於串列在設計的時候希望能存放所有的變數型態，因此可以將串列想像成什麼都能存放的抽屜，但也僅止於存放物品而已。

範例 1 串列裡有數字、字串、浮點數、串列、字典和函數

▌ 程式碼

```
list1 = [1,'string',3.14,[1,2,3,4],{'a':1},len]
list1
```

▌ **執行結果**

```
[1, 'string', 3.14, [1, 2, 3, 4], {'a': 1}, <function len>]
```

如何取串列內的值

範圍的規則跟字串是一樣的（如果忘記請回頭參閱第 2 章），位置從 0 開始算起，範圍符號爲冒號。取值用中括號 []。

範例 2 取串列中第一個位置的值，記得索引編號從 **0** 開始

▌ **程式碼**

```
list1 = ['a','b','c','d','e']
list1[0]
```

▌ **執行結果**

```
'a'
```

範例 3 取串列中第二個位置的值

▌ **程式碼**

```
list1 = ['a','b','c','d','e']
list1[1]
```

▌ **執行結果**

```
'b'
```

範例 4 取串列裡第二到第四個位置的值

▌ **程式碼**

```
list1 = ['a','b','c','d','e']
list1[1:4]
```

▌ **執行結果**

```
['b', 'c', 'd']
```

在 Python 裡因不包含終點，所以中括號裡的終點值要寫 4。

【範例 5】取串列裡第一、三、五個位置的值,即奇數位置的值

▌ 程式碼

```
list1 = ['a','b','c','d','e']
list1[0:5:2]
```

▌ 執行結果

```
['a', 'c', 'e']
```

【範例 6】承範例 5,有另一種寫法。因為起點和終點正好是串列的開始和結尾,因此可省略起始值和終點值

▌ 程式碼

```
list1 = ['a','b','c','d','e']
list1[::2]
```

▌ 執行結果

```
['a', 'c', 'e']
```

【範例 7】取用串列中最後一個位置的值

▌ 程式碼

```
list1 = ['a','b','c','d','e']
list1[-1]
```

▌ 執行結果

```
'e'
```

【範例 8】取出串列中倒數三個的值(如果你想檢視倒數幾筆資料的值,這個技巧很實用)

▌ 程式碼

```
list1 = ['a','b','c','d','e']
list1[-3:]
```

▌ 執行結果

```
['c', 'd', 'e']
```

範例 9 取出串列中全部的值，但要反轉順序（提示：將最後一個冒號後的值改成 -1
即可）

▌ 程式碼

```
list1 = ['a','b','c','d','e']
list1[::-1]
```

▌ 執行結果

```
['e', 'd', 'c', 'b', 'a']
```

3-2 創立串列的主要方式

- 一種是直接將值放入。
- 第二種：先建立空白串列，再用 append 方法將值放入。雖然複雜，但實務上很常用。

範例 10 以直接給值的方式創立串列

▌ 程式碼

```
list1 = [1,2,3,4,5]
list1
```

▌ 執行結果

```
[1, 2, 3, 4, 5]
```

範例 11 用 **append** 的方式創立串列

▌ 程式碼

```
list2 = []
list2.append(1)
list2.append(2)
list2.append(3)
list2.append(4)
list2
```

▌ 執行結果

```
[1, 2, 3, 4]
```

這就好像先建立一個空白的抽屜一樣，再將資料一筆一筆放入抽屜裡面。

常見錯誤小提醒

因為串列本身是可變更內容的（mutable），因此 append() 並沒有回傳值，append() 是直接修改串列的值。範例 12 示範 append() 輸出為 None，很多人都不懂為什麼輸出為 None（沒有值），這是因為 append() 本身沒有傳回值，但因為將值指定給 list3 時，反而變成了 None。

請各位讀者要記得，串列所提供的函數（append）會置換其內存的資料，好處是不需要用指派等號再做一次。但缺點是原本的資料會被覆蓋，不利於數據實驗。這就是為什麼 pandas 的預設是不做置換，而是要求使用者增加一個置換的參數（inplace=True）才會進行置換。

範例 12 append() 輸出為 None

▌ **程式碼**

```
list3 = []
list3 = list3.append(1)
print(list3)
```

▌ **執行結果**

```
None
```

範例 13 範例 12 的正確作法

▌ **程式碼**

```
list3 = []
list3.append(1)
print(list3)
```

▌ **執行結果**

```
[1]
```

比較範例 12 與範例 13，在範例 12 中，因為 list3.append(1) 沒有回傳值。因此 list3 = list3.append(1) 反而會得到 None。

3-3　串列與文字的關係

　　在第 2 章中，我們介紹了字串。字串能夠用位置取到不同的字元。譬如：'How are you'[0] 會得到 'H'。但往往我們會想要取出的是字（word），而非字元（character），這時字串的 split() 就非常好用了！

分割字串中的字

範例 14　取出 **'How are you'** 的 **How**

程式碼

```
# 第一步將字串用空白分成三個元素的串列
print('How are you'.split())
# 第二步再將串列裡的第一位置 How 取出
print('How are you'.split()[0])
```

執行結果

```
['How', 'are', 'you']
How
```

在 split() 裡可以用不同的分割符號，如範例 15 為「:」。

範例 15　請取出我的名字徐聖訓（提示：**split(':')** 後回傳串列取第二個元素，位置為 **1**）

程式碼

```
s1 = ' 名字 : 徐聖訓 '
s1.split(':')[1]
```

執行結果

```
' 徐聖訓 '
```

範例 16 承範例 15，取出串列的最後一個元素，也可以得到相同的結果

▌ 程式碼

```
s1 = ' 名字：徐聖訓 '
s1.split(':')[-1]
```

▌ 執行結果

' 徐聖訓 '

範例 17 請在字串中取出我的專業，並用串列表示（如 [' 顧客關係管理 ', ' 人工智慧 ', ' 知識管理 ', ' 正向心理學 ']）

（提示：第一步先取冒號後的值，取到後再用 ',' 分成四個部分）

▌ 程式碼

```
s2 = ' 專業：顧客關係管理，人工智慧，知識管理，正向心理學 '
special = s2.split(':')[1].split(',')
special
```

▌ 執行結果

[' 顧客關係管理 ', ' 人工智慧 ', ' 知識管理 ', ' 正向心理學 ']

連接串列中的字

上面所教的是將字串透過 split() 變成串列。如果要將串列連接回字串，就要用 join() 的方法。

範例 18 將範例 17 的 speical 串列連接回字串（雖然和範例 17 的執行結果看起來一樣，但其實是字串的資料格式）

▌ 程式碼

```
' '.join(special)
```

▌ 執行結果

' 顧客關係管理 人工智慧 知識管理 正向心理學 '

範例 19　承範例 **18**，用不同的字元來連結串列

▌ 程式碼

```
'--'.join(special)
```

▌ 執行結果

' 顧客關係管理 -- 人工智慧 -- 知識管理 -- 正向心理學 '

範例 20　承範例 **18**，請將 **special** 順序反轉，再連結回字串，並用 '、' 連結

▌ 程式碼

```
'、'.join(special[::-1])
```

▌ 執行結果

' 正向心理學、知識管理、人工智慧、顧客關係管理 '

分割字串中的字元

　　因為字串和串列很像，字串也可以直接轉成串列，但結果是每個字元都是獨立的串列元素。

範例 21　用 **list** 函數可以將字串中的每個字元都取出來

▌ 程式碼

```
s1 = ' 名字：徐聖訓 '
l1 = list(s1)
l1
```

▌ 執行結果

[' 名 ', ' 字 ', '：', ' 徐 ', ' 聖 ', ' 訓 ']

這個技巧通常用於產生不同欄位的名稱。譬如：我想產生 ['A','B','C','D','E']，你當然可以這麼做：['A','B','C','D','E']，但也有如範例 22 這樣更簡單的方法。

範例 22 用 list() 產生串列

▌程式碼

```
list('ABCDE')
```

▌執行結果

```
['A', 'B', 'C', 'D', 'E']
```

3-4 串列解開（List Unpacking）

我們知道串列裡會有許多值，Python 提供一個能夠將值全部取出來的快速方法，稱為「串列解開」。

範例 23 假設 list1 有三個元素，請分別取到 x, y, z 變數，先示範傳統做法

▌程式碼

```
list1=[1,2,3]
x=list1[0]
y=list1[1]
z=list1[2]
print(x,y,z)
```

▌執行結果

```
1 2 3
```

Python 的做法

在範例 23 中，因為 list1 正好有三個元素，所以等號左方可直接寫 x, y ,z。左右的個數要相同。這麼做的好處是，不僅程式較短，可讀性也較高。

範例 24 串列解開

┃ 程式碼

```
list1=[1,2,3]
x, y, z = list1
print(x,y,z)
```

┃ 執行結果

```
1 2 3
```

範例 25 讓使用者輸入 **a, b, c** 三個值；並放在 **a, b, c** 變數

┃ 程式碼

```
answer = input('Please input a,b,c:')
# answer 是字串，我們用 ',' 來做 split() 成串列
a,b,c = answer.split(',')
print(f'a:{a}, b:{b}, c:{c}')
```

┃ 執行結果

```
Please input a,b,c:3,4,5
a:3, b:4, c:5
```

3-5 增加串列元素的方法

增加串列元素有以下三種方法：

• 加法，加法就是把串列加在後面，跟字串很像。

• append()。

• extend()。

加法比較少用，另兩種都很常用。

範例 26 加法增加元素

程式碼

```
list1 = ['a','b','c']
list2 = ['d','e']
list3 = list1+list2
list3
```

執行結果

```
['a', 'b', 'c', 'd', 'e']
```

範例 27 用 **append()** 方法增加串列元素（提示：你會注意到，**['d', 'e']** 被當成一個元素加入）

程式碼

```
list1 = ['a','b','c']
list2 = ['d','e']
list1.append(list2)
list1
```

執行結果

```
['a', 'b', 'c', ['d', 'e']]
```

範例 28 用 **extend()** 增加串列元素，會先解開串列再加入

▌ 程式碼

```
list1 = ['a','b','c']
list2 = ['d','e']
list1.extend(list2)
list1
```

▌ 執行結果

```
['a', 'b', 'c', 'd', 'e']
```

3-6 刪除串列可用 pop() 方法

範例 29 pop() 內定是刪最後一個元素

▌ 程式碼

```
list1 = ['a', 'b', 'c', 'd', 'e']
list1.pop()
list1
```

▌ 執行結果

```
['a', 'b', 'c', 'd']
```

範例 30 pop() 也可以刪除 **index** 為 **0** 的值

▌ 程式碼

```
list1 = ['a', 'b', 'c', 'd', 'e']
list1.pop(0)
list1
```

▌ 執行結果

```
['b', 'c', 'd', 'e']
```

3-7 | 對串列裡的資料進行運算

排序

- .sort()：這是串列的方法，會置換原本的串列。還記得我們之前解釋過，串列的方法會置換原本的資料嗎？這樣你就比較容易記得了！
- sorted()：這是 Python 的函數，不會置換原本的串列。

範例 31 將串列裡的值由小排至大

┃ 程式碼

```
list1 = ['dog','cat','tiger']
list1.sort()
list1
```

┃ 執行結果

```
['cat', 'dog', 'tiger']
```

範例 32 請將串列裡的值由大排至小（提示：用 **reverse=True** 控制排序方向）

┃ 程式碼

```
list1 = ['dog','cat','tiger']
list1.sort(reverse=True)
list1
```

┃ 執行結果

```
['tiger', 'dog', 'cat']
```

範例 33 用 **sorted** 函數，**sorted** 是通用函數，它可用在任何資料型態

┃ 程式碼

```
list1 = ['dog','cat','tiger']
sorted(list1)
```

┃ 執行結果

```
['cat', 'dog', 'tiger']
```

但 sorted() 並不會改變原本內容。

範例 34　承範例 33，我們再來看看 **list1** 的內容

▌ 程式碼

```
list1
```

▌ 執行結果

```
['dog', 'cat', 'tiger']
```

這說明 sorted() 並不會改變原本變數內容。

計算串列裡的元素個數

想要知道串列裡有幾個元素，可以使用 len() 方法。

範例 35　想知道串列裡有幾個元素

▌ 程式碼

```
list1 = [1,2,3]
len(list1)
```

▌ 執行結果

```
3
```

範例 36　用長度來判斷串列是否是空的

▌ 程式碼

```
list1 = []
len(list1)
```

▌ 執行結果

```
0
```

範例 37　用來算字串長度

▌ 程式碼

```
len('Hello')
```

▌ 執行結果

```
5
```

尋找資料出現位置和是否存在

要找出資料出現的位置，可以用 index()；若要找出資料是否存在於串列中，用 in。

範例 38　找出資料出現位置

▌ 程式碼

```
list1 = ['dog','cat','tiger']
list1.index('cat')
```

▌ 執行結果

```
1
```

範例 39　尋找資料是否存在

▌ 程式碼

```
'cat' in ['dog','cat','tiger']
```

▌ 執行結果

```
True
```

串列裡的數學運算

- 最大值
- 最小值
- 總和
- 平均值

範例 40　找出資料中的最大值

▌ 程式碼

```
max([1,2,3,4])
```

▌ 執行結果

```
4
```

範例 41 找出資料中的最小值

▌ 程式碼

```
min([1,2,3,4])
```

▌ 執行結果

```
1
```

範例 42 計算資料中的數值總和

▌ 程式碼

```
sum([1,2,3,4])
```

▌ 執行結果

```
10
```

範例 43 計算資料中的數值平均值（在 **Python** 中沒有直接的函數，要用 **sum()** 和 **len()** 來計算）

▌ 程式碼

```
sum([1,2,3,4])/len([1,2,3,4])
```

▌ 執行結果

```
2.5
```

3-8 串列與 for 迴圈的關係

通常取串列的資料要一筆一筆取，但 Python 提供了 for 迴圈的功能，幫助我們讀取串列內的每一個內容；詳細 for 迴圈的介紹，我們會在第 4 章看到。

範例 44 請列印 list1 裡的每一個元素

▌ 程式碼

```
list1 = ['dog','cat','tiger']
print(list1[0])
print(list1[1])
print(list1[2])
```

▌ 執行結果

```
dog
cat
tiger
```

for 能將 list1 裡的元素一個一個取出，並放到 value 變數，再往下執行區塊裡的程式碼。相較於範例 44，可以比較範例 45 用 for 迴圈程式碼是不是簡潔和清楚許多。

範例 45 用 for 迴圈列印串列元素

▌ 程式碼

```
list1 = ['dog','cat','tiger']
for value in list1:
    print(value)
```

▌ 執行結果

```
dog
cat
tiger
```

範例 46 請將 **list1** 的每一個元素取出，並將第一個字大寫列印出

┃ 程式碼

```
list1 = ['dog','cat','tiger']
for value in list1:
    print(value.title())
```

┃ 執行結果

```
Dog
Cat
Tiger
```

範例 47 請將 **list1** 的每一個元素取出，並將第一個字大寫再存到新的 **list2**

┃ 程式碼

```
list1 = ['dog','cat','tiger']
list2 = []
for value in list1:
    list2.append(value.title())
list2
```

┃ 執行結果

```
['Dog', 'Cat', 'Tiger']
```

　　範例 46 和範例 47 的差異在於，範例 46 只是把結果列印出並沒有將結果儲存起來，因此後面的程式都不能夠使用其結果。通常在除錯的過程我們會用 print 來檢視資料。而在範例 47 則是將結果儲存到新的變數以利後面的程式使用。

3-9 for 迴圈與串列解開的使用

首先，在範例 48 中我們了解，暫時變數 i 從串列 x 裡取出值，其值為 [1,2], [3,4], [5,6]，因此變數 i 仍為串列的資料型態。

範例 48

程式碼

```
x = [[1,2],[3,4],[5,6]]
for i in x:
    print(i)
```

執行結果

```
[1, 2]
[3, 4]
[5, 6]
```

範例 49 我們可直接用串列解開技巧將其值放入變數 **a** 和 **b**，這是實務上常用的技巧

程式碼

```
x = [[1,2],[3,4],[5,6]]
for a,b in x:
    print(a,b)
```

執行結果

```
1 2
3 4
5 6
```

3-10 章末習題

1. 假設 score 是投籃者的姓名和每次投進的球數，score = [' 小徐 ',5,9,6,8,7,10,6]，請取得投籃者的姓名和投進的球數。

   (1) 請用 max 函數計算小徐最多進了幾球。

   (2) 使用 min 函數計算小徐最少進了幾球。

   (3) 用 sorted 計算小徐進球數最多的三回合各投入多少球。

   (4) 計算小徐進球數最少的三回合各投入多少球。

   (5) 用 sum() 和 len() 計算小徐進籃的平均球數。

2. 先把 'I love you' 變成串列 ['I', 'love', 'you']；再把 'I love you' 變成串列 ['I', ' ', 'l', 'o', 'v', 'e', ' ', 'y', 'o', 'u']。

3. 有一字串 ' 專業。顧客關係管理 , 人工智慧 , 知識管理 , 正向心理學 '。

   (1) 請從 ' 專業。顧客關係管理 , 人工智慧 , 知識管理 , 正向心理學 ' 字串，取出 ' 專業 '。

   (2) 請從 ' 專業。顧客關係管理 , 人工智慧 , 知識管理 , 正向心理學 '，取出 ' 顧客關係管理 , 人工智慧 , 知識管理 , 正向心理學 '。

   (3) 請從 ' 專業。顧客關係管理 , 人工智慧 , 知識管理 , 正向心理學 '，取出人工智慧。

4. 請將 ' 顧客關係管理 , 人工智慧 , 知識管理 , 正向心理學 ' 的分隔逗號 , 變成分號；答案如下：

   「顧客關係管理；人工智慧；知識管理；正向心理學」

   （提示：用 replace(old,new)，也可以用 split() 和 join() 來做。）

第 4 章

迴圈

上一章教了串列，這一章教的是 for 迴圈，以下也簡稱迴圈。

當資料放入串列後，如果要取值，就必須用位置索引，一筆一筆慢慢取出。for 迴圈則提供了自動取出每一筆資料的功能，其想法如下：透過每一次的迴圈執行，將取出的資料存於暫時的變數。此時，暫時性的變數就可以使用這筆資料。等執行完畢後，for 迴圈又會去讀取下一筆資料，放在暫時性的變數。

迴圈讓電腦可以快速大量執行重複的動作，對電腦來講，這很容易；對人類來講，這很困難。譬如：你要列印同樣的字 5 次，用 print 寫要寫 5 次，用迴圈則省事許多。更棒的是，當你從列印 5 次變成 10 次時，只要改變一個參數就好。

最後，迴圈配合串列因為太常使用，在 Python 出現串列表達式（List Comprehension），用一行的表達式就能同時完成 for 迴圈和產生新的串列。雖然語法上比較複雜，但學會後，串列表達式反而更加直觀，更符合「一行指令學 Python」的精神。熟悉串列表達式才能成為 Python 專家！

for 迴圈的語法

```
for i in 可迭代物
```

迭代物可以想像成可以一個一個取出資料的容器。此語法中需注意的重點有：

重點整理：

- 可迭代物包括：字串、串列、字典、range 函數等，這些資料型態都是容器。
- i 為暫時性變數，用來暫存取出的值。
- for 迴圈內指令要縮排。

4-1　for 迴圈基本用法

假設 list1 = [1,2,3,4,5]，我們希望將裡面的資料都乘 10，再加上 5，並列印出來。那該怎麼做呢？

第一步，我們令 i = list1[0]，然後再將 i*10+5 輸出；
第二步，我們令 i = list1[1]，然後再將 i*10+5 輸出；
第三步，我們令 i = list1[2]，然後再將 i*10+5 輸出；
第四步，我們令 i = list1[3]，然後再將 i*10+5 輸出；
第五步，我們令 i = list1[4]，然後再將 i*10+5 輸出。

　　你觀察到什麼？這裡唯一改變的就只有 list1[位置] 而已。聰明的 Python 就將語法設計如下。這裡的 data 就會自動讀到下一筆資料。

```
for data in list1:
    print(data*10+5)
```

　　在 for 迴圈中可進行一個一個取值的稱之為迭代物，包括字串、串列、字典、range 函數等。本例的 list1 為迭代物，而 data 為暫時性變數，用來代表迭代物裡的值，因此你要叫 data 或 i 都可以。

範例 1　取出 list1 裡面的元素

▌ 程式碼

```
list1 = [1,2,3,4,5]
for i in list1:
    print(i)
```

▌ 執行結果

```
1
2
3
4
5
```

　　在範例 1 中，因為 list1 有五個元素，這個迴圈會進行五次，每次進行迴圈時 i 都會改變，從 i = list1[0], i = list1[1], i = list1[2], ..., 到 i = list1[4]。for 迴圈執行時會逐次走訪，取得所有容器裡的值。

範例 2　字串也是迭代物

▌ 程式碼

```
string1 = 'abcde'
for i in string1:
    print(i)
```

▌ 執行結果

```
a
b
c
d
e
```

在範例 2 中，要取出字串中的字元可用 string[0], [1], [2] 分別取出；凡是可用 0,1,2,... 位置來取值的幾乎都可當迭代物。

範例 3 用 **range()** 創造迭代物

▋ 程式碼

```
range(1,10)
```

▋ 執行結果

```
range(1, 10)
```

請看 range(1,10) 的輸出依然為 range(1,10)，這表示它並沒有真正被顯化，只是一個暫時性的結構，等執行時才一個接一個被取出。這麼做的好處是節省記憶體。

範例 4 用 **list()** 顯示 **range()** 的結果，其值就是 **1 到 9** 的串列

你可以想像 range() 所產生的是未被顯化的串列，因此它是容器。

▋ 程式碼

```
list(range(1,10))
```

▋ 執行結果

```
[1, 2, 3, 4, 5, 6, 7, 8, 9]
```

range() 的使用

range 有三個參數：起始值、終點值和間隔值。

譬如 range(0,11,2) 表示從 0 開始，到 11（不包含），間隔值是 2。因為是函數，所以不是用 range[0:11:2]。這是初學者常犯的錯誤！

範例 5 **range()** 的使用

▋ 程式碼

```
list(range(0,11,2))
```

▋ 執行結果

```
[0, 2, 4, 6, 8, 10]
```

範例 6 **for** 和 **range()** 的結合

▌ 程式碼

```
for i in range(1,5):
    print(i)
```

▌ 執行結果

```
1
2
3
4
```

在範例 6 中，因為 range() 本身就可迭代，因此可直接搭配 for 使用，不用 list(range()) 多此一舉。

4-2 如何在 for 迴圈中同時取值和其索引位置

方法一：手動做

假設有以下的字串，我不僅要取值，還要其索引位置。先用 len 算出字串長度，再用 range() 做成迭代物。此時變數 i 為從 0 到字串長度減 1 的索引值，而 string1 就能取到其對應元素。

範例 7 手動用 **for** 迴圈取出字串的值和索引位置

▌ 程式碼

```
string1 = 'abcd'
for i in range(len(string1)):
    print(f'位置[{i}]: {string1[i]}')
```

▌ 執行結果

```
位置[0]: a
位置[1]: b
位置[2]: c
位置[3]: d
```

方法二：透過 enumerate() 函數實行

enumerate 會同時傳出索引 index 和其值，我們再用串列解開（list unpacking）將兩個值分別取出。

> **小技巧：**
>
> enumerate 字很長，容易打錯。你可以輸入「enu」後按 tab 鍵，JUPYTER NOTEBOOK 會幫你完成剩下的字。

範例 8 透過 enumerate() 函數取出字串的值和索引位置

▌ 程式碼

```
for i, v in enumerate(string1):
    print(f' 位置 [{i}]: {v}')
```

▌ 執行結果

```
位置 [0]: a
位置 [1]: b
位置 [2]: c
位置 [3]: d
```

方法三：透過 zip 函數

方法三顯然沒有第二種方法好，但主要是介紹一個好用的函數叫 zip()，像拉鍊一樣，可以將兩個串列併在一起。用 zip 可以將原本不相關的串列鍊在一起給 for 使用，zip(a, b) 會將 a 與 b 裡的每個元素以一對一的方式配對起來，組成一個新的迭代器。

範例 9 使用 zip() 取出字串的值和索引位置

▌ 程式碼

```
list1 = [0,1,2,3]
string1 = 'abcd'
list(zip(list1,string1))
```

▌ 執行結果

```
[(0, 'a'), (1, 'b'), (2, 'c'), (3, 'd')]
```

範例 10　用 **zip** 做 **enumerate()** 的功能

▌ 程式碼

```
index_list = range(len(string1))
for i, v in zip(index_list,string1):
    print(f' 位置 [{i}]: {v}')
```

▌ 執行結果

```
位置 [0]: a
位置 [1]: b
位置 [2]: c
位置 [3]: d
```

在範例 10 中先用 len() 算出字串長度,再用 range() 產生串列,最後再用 zip() 將兩個串列結合起來。

4-3　用 **for** 迴圈修改 **list** 的內容

如果我們想將串列裡的值都乘以 2,我們當然期望用串列 *2 來完成。但在串列中,這表示串列自己相加兩次,並非我們要的。

真正的做法是先創造空串列,再將串列的元素逐一取出乘以 2,然後放到新串列裡。

範例 11　用 **for** 迴圈,將 **list1** 裡的值都乘以 **2** 存到 **list2**

還記得嗎?因為串列的方法是直接置換資料,因此不用指派符號(=)。

▌ 程式碼

```
list1 = [1,2,3,4]
list2 = []
for i in list1:
    list2.append(i*2)
list2
```

▌ 執行結果

```
[2, 4, 6, 8]
```

範例 12 練習將 **list1** 裡的值都加 **3** 存到 **list2**

▋ 程式碼

```
list1 = [1,2,3,4]
list2 = []
for i in list1:
    list2.append(i+3)
list2
```

▋ 執行結果

```
[4, 5, 6, 7]
```

範例 13 用 **for** 迴圈將每個字元都大寫（提示：當然這是為了展示 **for** 的功能，不然用 **upper** 函數即可）

因為字串的 upper 方法並不會置換原本的資料，因此我們用 s+=i.upper( ) 符號來做。即 s = s + i.upper( )。

▋ 程式碼

```
string1 = 'abcde'
s = ''
for i in string1:
    s += i.upper()
s
```

▋ 執行結果

```
'ABCDE'
```

4-4　串列表達式（List Comprehension）

　　由於在 Python 裡太常將某個串列裡的值做轉換，因此有了串列表達式的出現。串列表達式就是將舊的串列值取出，轉換，再產出新的串列。所以你要記得，串列表達式的結果仍是串列。

　　串列表達式的語法是

```
[ 你要的值 for i in 迭代物 ]
```

　　這個語法中的「迭代物」可想像就是舊的串列，i 是暫時的變數，用來表示從迭代物取出來的值，「你要的值」表示將 i 轉變成你要的型式。

　　這個表達方式比原本的語法更簡潔，也更清楚。讀者可以自行與前面完整串列的例子比較，看串列表達式幫助我們省下什麼東西。

範例 14　假設要將 list1 裡的值都乘以 2

▌程式碼

```
list1 = [1,2,3,4]
[i*2 for i in list1]
```

▌執行結果

```
[2, 4, 6, 8]
```

範例 15　用串列表達式，將 list1 裡的值都加 3

▌程式碼

```
list1 = [1,2,3,4]
[i+3 for i in list1]
```

▌執行結果

```
[4, 5, 6, 7]
```

範例 16 用串列表達式，將每個字元 'abcde' 都改為大寫 'ABCDE'

▍程式碼

```
string1 = 'abcde'
[i.upper() for i in string1]
```

▍執行結果

```
['A', 'B', 'C', 'D', 'E']
```

範例 17 假設有兩個串列，要將裡面相對應位置的元素逐一相乘，並產生新串列

▍程式碼

```
list1 = [1,2,3,4]
list2 = [5,6,8,8]
res = [a*b for a,b in zip(list1,list2)]
res
```

▍執行結果

```
[5, 12, 24, 32]
```

4-5　迴圈中斷與 while 迴圈

break 與 continue

　　有時候我們在迴圈裡面會想要迴圈在滿足某個條件時提早結束，又或者是想要跳過某一筆資料，因此在程式語言裡面提供兩個在迴圈裡特殊的指令，一個是 break，一個是 continue。break 會結束迴圈，continue 則是跳過這一筆資料，回到迴圈程式起點取下一筆資料再繼續執行。觀念上這兩者截然不同，break 是停止迴圈，而 continue 是跳過這一筆資料。

　　我們用以下的範例講解。在範例 18 裡，我們的變數 i 從 0 到 4 逐次執行，並將 i 存到另一個新的串列 e 裡。如果沒有邏輯判斷（第六章會進一步說明）和 break，那麼最後的串列 e 就會是完整的 [0,1,2,3,4]。但因為在程式裡有一個邏輯判斷是：當 i 等於 2 的時候會執行 break，這時就會提早結束 for 迴圈。因此程式只執行了 0 和 1，這就是為什麼最後串列 e 只有 0 和 1 的原因了。

範例 18　**break 指令**

▌程式碼

```
e = []
for i in [0,1,2,3,4]:
    if i == 2:
        break
    e.append(i)
e
```

▌執行結果

```
[0, 1]
```

接著在範例 19 裡，我們的變數 i 一樣從 0 到 4 逐次執行，並將 i 存到另一個新的串列 e 裡，且程式裡當 i 等於 2 的時候會執行 continue，讓程式不再往下執行，而是回到迴圈程式起點取下一筆資料再繼續執行。這就是為什麼最後串列 e 沒有 2 的原因了。

範例 19　**continue 指令**

▌程式碼

```
e = []
for i in [0,1,2,3,4]:
    if i == 2:
        continue
    e.append(i)
e
```

▌執行結果

```
[0, 1, 3, 4]
```

用 break 除錯

這裡介紹一個小技巧，我們都知道當迴圈開始執行的時候就是一堆的資料了，很難去理解在過程中究竟犯了什麼錯誤。這時候可以善用 break 來提早跳出迴圈。以範例 20 為例，整個迴圈裡面只有一個 break 指令。各位想想最後印出的 i 是什麼值呢？答案是 0，因為 i 只有取到第一個元素後就遇到了 break，於是就跳開迴圈。這時的 i 就是第一筆資料的值。

於是，我們可以用這個技巧把迴圈裡面的指令都先搬到外面來執行，等確認結果和步驟都正確之後，再把整個指令搬到迴圈裡面，這樣就可以完成除錯。

讀者可以自行試試如果把 break 改成 continue，i 會有什麼不一樣，然後再想想原因是什麼！

範例 20 **用 break 除錯**

▌程式碼

```
for i in range(0,5):
    break
i
```

▌執行結果

```
0
```

while 迴圈

for 迴圈通常應用在已知數目的容器或已知次數的迭代裡，但往往會遇到一種情況是，要執行的次數並不確定，這時候我們就會選用 while 指令來使用。譬如說，現在要設計一個與使用者互動的猜謎遊戲，當使用者猜到答案的時候才會停止，這種不確定次數的程式就會用 while 指令。

語法：while 指令後面會接邏輯判斷式，當邏輯為真 (True) 的時候就會往下執行。

同樣地，因為有程式區塊的觀念，因此後面會有冒號（：）和程式縮排的情況。

以範例 21 來解釋：一開始 i 為 0，然後進入 while 迴圈，因為此時 i 小於 4，因此會往下執行列印出 i 的值，然後將 i 的值 +1 存回 i 再繼續執行。只要 i 的值仍然小於 4，整個 while 迴圈就不會停止。讀者可以觀察，如果這個範例用 for 迴圈來寫的話會簡單許多。為什麼呢？因為 for 迴圈就是專門來處理已知次數的迭代。

範例 21　　while 指令

▌ 程式碼

```
i = 0
while i<4:
    print(i)
    i=i+1
```

▌ 執行結果

```
0
1
2
3
```

while 與 break 的結合

在實務使用上，以下的寫法經常使用。也就是在 while 邏輯判斷的地方，我們給它 True 表示要無限執行。然後在程式裡面用 break 來跳出迴圈。這裡要提醒各位的是，while 迴圈一定要設立停止的點，要不然程式就會無限執行。停止的點可以在 while 一開始就設定，或者是用 break 來設定。

這裡出一個小小的練習給讀者試試，如果我們把 i=i+1 那一行刪除，程式會出現什麼情況呢？如果要中斷執行，可以到 Kernel 裡面選 Interrupt。

範例 22　　while 與 break 結合使用

▌ 程式碼

```
i = 0
while True:
    print(i)
    if i==2:
        break
    i=i+1
```

▌ 執行結果

```
0
1
2
```

4-6　章末習題

1. 請做出串列 [0, 3, 6, 9, 12, 15, 18]（提示用 list 和 range()）。

2. 請將串列 [0, 3, 6, 9, 12, 15, 18] 反轉順序為 [18, 15, 12, 9, 6, 3, 0]。

3. 請取出串列 [0, 3, 6, 9, 12, 15, 18] 中的倒數 3 筆資料 [12, 15, 18]。

4. 請將串列 [0, 3, 6, 9, 12, 15, 18] 中的各值都乘以 10，變成 [0, 30, 60, 90, 120, 150, 180]。

5. 請將 ['dog','cat','tiger'] 由小到大排序，並將第一個字大寫 ['Cat', 'Dog', 'Tiger']。

6. 請同時用 for 迴圈和串列表達式來練習將 'Simon Peter John' 變成 ['S****', 'P****', 'J***']。

7. 請將 ['Company 1','Company 2','Company 3'] 變成 ['Company_1', 'Company_2', 'Company_3']（這個題目很實用，許多時候我們拿到的資料會有空格，但變數命名不允許空格。可以用這個方法解決！）

8. 請將 [1,2,3,4,5,6] 變成 ['1$', '2$', '3$', '4$', '5$', '6$']。

9. 承上題，請把 ['1$', '2$', '3$', '4$', '5$', '6$']，還原成 [1,2,3,4,5,6]。

10. 請將 [1,2,3,4] 和 [5,6,7,8] 變成 [(1, 5), (2, 6), (3, 7), (4, 8)]。

第 5 章

字典

━━━━━ **本章學習重點** ━━━━━

同學學到這兒，心裡一定想：不是才學了串列，爲什麼又要學不同的資料型態？串列不是很夠用了嗎？

確實夠，但也有不足之處。還記得串列是如何取到數值的嗎？它是藉由算位置取值。

你不覺得我們需要更人性化的方式，而不是只用位置？這就出現了「字典」的資料型態。字典的出現就是幫助我們增加資料存取的便利性，透過索引鍵來取到裡面的值。所以你可以這麼想，字典就是多了索引鍵的串列。

我們用之前的例子說明：小明有三科的成績，國文 80 分，英文 85 分，數學 70 分。我們可假設變數 score = [80, 85, 70]。其中第一個值爲國文成績，第二個值爲英文成績，第三個值爲數學成績。所以國文成績的值就是 score[0]。

字典的做法就是用鍵來取值，譬如國文成績 score[' 國文 '], 英文成績 score[' 英文 ']。這更符合我們的需求！

重點整理：

- 字典主要組成包含索引鍵（以下簡稱鍵）和索引值（以下簡稱值）。
- 這種表示法比較符合人類的需求。譬如：我們會問：「徐小訓」，你的身高幾公分？徐小訓就是鍵，而身高結果就是值。
- 而串列用的索引是「位置」，對人類來說就比較不好用。
- 字典可以想成是多了索引鍵的串列。
- 字典這個資料型態在網路爬蟲時常用到，因爲 json 的格式跟它大同小異。

5-1 如何建立字典資料

首先，字典的格式是用「鍵 key: 值 value」的方式來儲存資料，用的是 {} 大括號，資料的區隔仍用逗號。

- 建立字典第一種方式是直接給值。
- 另一種是先建立空字典，之後再將值一一填入。

方法一：直接給值

範例 1 人名搭配身高的字典資料物件

▌ 程式碼

```
name1 = {'Billy':165,'Bob':168,'Mary':170,'Joe':168}
print(name1)
```

▌ 執行結果

```
{'Billy': 165, 'Bob': 168, 'Mary': 170, 'Joe': 168}
```

範例 2 將字典排版好看一點輸入

▌ 程式碼

```
name1 = {
    'Billy':165,
    'Bob':160,
    'Mary':170,
    'Joe':168
}
print(name1)
```

▌ 執行結果

```
{'Billy': 165, 'Bob': 160, 'Mary': 170, 'Joe': 168}
```

我個人在使用字典的時候，會盡量使用這種排版的方式。每筆資料的區隔用逗號，而鍵和值是用冒號分開。

方法二：先建空字典再填值

另一種建立字典的方式，是先宣告空白字典，再將值逐一放入。在字典裡用的是：

```
變數 [ 鍵 ]= 值
```

範例 3 先建空字典再填值

▎ 程式碼

```
name2 = {}
name2['Billy']=165
name2['Bob']=168
name2['Joe']=168
name2['Mary']=170
name2['徐小訓']=172
name2
```

▎ 執行結果

```
{'Billy': 165, 'Bob': 168, 'Joe': 168, 'Mary': 170, '徐小訓': 172}
```

5-2   字典如何取值

　　雖然字典的資料型態是用大括號表示,但取值仍是用中括號 [ ],這跟串列是一樣的。差別在於串列用數字當索引,而字典用自行設定的索引鍵。取值都用中括號的好處是一致性高。事實上在 Python 裡,所有取值用的都是中括號 [ ]。

範例 4 取範例 3 中變數 name2 的 '徐小訓' 身高

▎ 程式碼

```
name2['徐小訓']
```

▎ 執行結果

```
172
```

如果取的鍵不在字典的鍵裡會出現錯誤,程式會被中斷。

範例 5　承範例 3，找不到索引鍵的結果

▌程式碼

```
name2['徐小']
```

▌執行結果

```
---------------------------------------------------------------
---
KeyError                                Traceback (most recent call la
st)
<ipython-input-10-cb4da799ac56> in <module>()
----> 1 name2['徐小']

KeyError: '徐小'
```

　　如果不希望程式被中斷，可考慮另一種取值法——用 get()；用 get() 取值時，如果找不到會回傳 None，而不會中斷程式。

範例 6　承範例 3，用 **get()** 取值

▌程式碼

```
print(name2.get('徐小'))
```

▌執行結果

```
None
```

如果要修改字典裡的值，只要找到相對應的鍵就能修改。

範例 7　修改範例 3 字典裡的值

▌程式碼

```
name2['徐小訓'] = 180
name2
```

▌執行結果

```
{'Billy': 165, 'Bob': 168, 'Joe': 168, 'Mary': 170, '徐小訓': 180}
```

如果找不到呢？如果找不到，就會新增一個項目出來。

範例 8 承範例 3，新增一個項目

▌程式碼

```
name2['徐小'] = 172
name2
```

▌執行結果

```
{'Billy': 165, 'Bob': 168, 'Joe': 168, 'Mary': 170, '徐小': 172, '徐小訓': 180}
```

5-3 串列和字典資料型態的轉換

假設我今天有一個串列，但想改成字典。要怎麼做呢？

方法一：用 dict() 函數

範例 9 串列轉成字典（一）

▌程式碼

```
list1 = [['a',0],['b',0]]
dict1 = dict(list1)
dict1
```

▌執行結果

```
{'a': 0, 'b': 0}
```

方法二：用字典表達式

如果是兩個同樣長度的串列，也可用字典表達式（Dictionary Comprehension）來建立字典資料。語法跟串列表達式幾乎相同，除了

1. 用大括號。
2. 最前面「你要的值」（回顧一下 4-4 節串列表達式）要用：區隔鍵和值。

範例 10 串列轉成字典（二）

程式碼

```
keys='abcd'
values=[1,2,3,4]
d = {key: value for key, value in zip(keys,values)}
d
```

執行結果

```
{'a': 1, 'b': 2, 'c': 3, 'd': 4}
```

5-4　字典如何與 for 迴圈結合

　　某種程度上，字典像是串列，我們也會希望它能搭配 for 迴圈使用。但字典的資料同時包含了鍵和值，因此與 for 迴圈搭配時可以進一步指定要用哪一種方式來進行迴圈。

　　字典有三種迴圈方式，以下逐一介紹：

- 用 itmes()
- 用 keys()
- 用 values()

方法一：用 items() 的方式

　　items( ) 回傳的是像串列資料型態，裡面的元素是元組（tuple）資料型態（ , ）。以範例 11 來說，共五筆資料，每筆資料又包含鍵和值。元組簡單來說，就是不能修改內容的串列。

範例 11 建立本小節的字典資料

程式碼

```
name2 = {'Billy': 165, 'Bob': 168, 'Joe': 168, 'Mary': 170, '徐小訓': 172}
name2.items()
```

執行結果

```
dict_items([('Billy', 165), ('Bob', 168), ('Joe', 168), ('Mary',
170), ('徐小訓', 172)])
```

範例 12　承範例 11，用 itmes() 來進行迴圈

▌ 程式碼

```
for k,v in name2.items():
    print(k,v)
```

▌ 執行結果

```
Billy 165
Bob 168
Joe 168
Mary 170
徐小訓 172
```

在範例 12 中，因為 itmes() 回傳的是 tuple，我們可以用串列解開同時將鍵與值取出，k 是 key 的縮寫，v 是 value 的縮寫。

方法二：用 keys() 的方式

用 keys() 的方式，會依鍵來進行迴圈。

範例 13　承範例 11，用 keys() 來進行迴圈

▌ 程式碼

```
for k in name2.keys():
    print(k,name2[k])
```

▌ 執行結果

```
Billy 165
Bob 168
Joe 168
Mary 170
徐小訓 172
```

方法三：用 values() 的方式

用 values() 的方式，會依值來進行迴圈。這就像串列一樣，我們只關心值。

範例 14　承範例 11，用 values() 來進行迴圈

▌ **程式碼**

```
for v in name2.values():
    print(v)
```

▌ **執行結果**

```
165
168
168
170
172
```

如果你忘了選擇用哪種方式，內定是用 keys() 的方式。

範例 15　內定值用 keys() 來進行迴圈

▌ **程式碼**

```
for k in name2:
    print(k,name2[k])
```

▌ **執行結果**

```
Billy 165
Bob 168
Joe 168
Mary 170
徐小訓 172
```

當我們面對這樣的問題：如果要依 keys 值的大小，由大到小將值列出呢？

範例 16　依鍵值大小輸出

▋ **程式碼**

```
for k in sorted(name2.keys(), reverse=True):
    print(k,name2[k])
```

▋ **執行結果**

```
徐小訓 180
Mary 170
Joe 168
Bob 168
Billy 165
```

5-5　集合

　　集合的表達方式像字典，是用大括號表示，但其實只記錄有哪些相異的值，當兩個集合相減的時候，就可以幫助我們查看兩個集合是否有差異。

範例 17　用集合 set 算有幾個相異值

▋ **程式碼**

```
list1 = ['a','b','c','b','b','a']
set(list1)
```

▋ **執行結果**

```
{'a', 'b', 'c'}
```

5-6 章末習題

1. 我們做個練習，用字典來建立文字次數的計算程式。字串 s 的內容為：

   s = "I love you and you love him and who loves who"

   在 s 中，I 出現 1 次，love 出現 2 次。我們將引導同學一步一步完成本題組。

   (1) 先用 split() 將 s 分解成不同的串列元素，用空白鍵為區隔。

   (2) 請用 set() 算出共有幾個不同的字，並存到 keys 變數。

   (3) 請建立一個字典，其鍵值是 keys 裡的元素，但值都為 0。

   (4) 請寫一個 for 迴圈將 s 裡的每個字取出，並將上題的字典依其對應的「鍵」將「值」加 1。最後的答案會是：{'I': 1, 'and': 2, 'him': 1, 'love': 2, 'loves': 1, 'who': 2, 'you': 2}。

   （補充：如果懂得用 Series 來做的話，其實很簡單。本書第二篇會教大家！）

第 6 章

邏輯判斷

=== 本章學習重點 ===

如果說迴圈賦予 Python 無限勞力的可能，那邏輯判斷則給予 Python 人腦的邏輯判斷能力。有了邏輯判斷，程式才能根據不同情況，有不同的選擇。要不然程式只能笨笨地執行重複的工作。

- 邏輯判斷式有 <（小於）、>（大於）、==（等於）、<=（小於等於）、>=（大於等於）、!=（不等於）。

- 在 Python 裡，有一種特殊的布林（boolean）資料型態，就是拿來做邏輯判斷用。

- 布林值裡面只有兩個值：True 或 False（首字母一定要大寫）。

- 在電腦裡，True 一般是 1，False 是 0。

6-1　基本邏輯關係

範例 1　大於

程式碼

```
a = 10
b = 20
a > b
```

執行結果

```
False
```

範例 2　小於

程式碼

```
a = 10
b = 20
a < b
```

執行結果

```
True
```

範例 3 等於

▌程式碼

```
a = 10
b = 20
a == b
```

▌執行結果

```
False
```

範例 4 不等於

▌程式碼

```
a = 10
b = 20
a != b
```

▌執行結果

```
True
```

範例 5 字串的比較

▌程式碼

```
"hello" == 'hello'
```

▌執行結果

```
True
```

範例 6 字元大小寫有差

▌程式碼

```
'Y' == 'y'
```

▌執行結果

```
False
```

範例 7　串列的比較

▍ 程式碼

```
[1,2,3] == [1,2,3]
```

▍ 執行結果

```
True
```

範例 8　文字和數字比較

▍ 程式碼

```
'2' == 2
```

▍ 執行結果

```
False
```

文字和數字並不同，因此為 False。

6-2　and, or, not 的語法

　　顧名思義，and 就是兩個邏輯判斷要同時成立才為真 (True)，or 就是其中一個判斷成立即可為真。

- and 是要兩者都 True，才是 True。
- or 是其中之一為 True 即為 True。
- not 是相反，not True 為 False。

範例 9　**and 使用（一）**

▍ 程式碼

```
True and True
```

▍ 執行結果

```
True
```

範例 10　and 使用（二）

▌ 程式碼

```
True and False
```

▌ 執行結果

```
False
```

範例 11　or 使用

▌ 程式碼

```
True or False
```

▌ 執行結果

```
True
```

範例 12　and 和邏輯判斷同時使用

▌ 程式碼

```
1<2 and 2<3
```

▌ 執行結果

```
True
```

範例 13　邏輯判斷另一種表示方式

▌ 程式碼

```
1 < 2 < 3
```

▌ 執行結果

```
True
```

範例 14 　or 邏輯判斷

▌ 程式碼

```
1<2 or 2>3
```

▌ 執行結果

```
True
```

範例 15 　not

▌ 程式碼

```
not True
```

▌ 執行結果

```
False
```

範例 16 　取 True 的值

▌ 程式碼

```
int(True)
```

▌ 執行結果

```
1
```

一般來說，True 值在電腦裡是 1。

範例 17 　取 False 的值

▌ 程式碼

```
int(False)
```

▌ 執行結果

```
0
```

False 在電腦裡的值是 0。

6-3　if

有了邏輯判斷結果後，我們還要告訴 Python 要做什麼事。譬如：如果下雨，則帶傘；如果沒有，就不用帶。這裡的如果就是 if，帶不帶傘則是要做什麼事。因此 if 的語法就是：

```
if  布林條件式：
        布林 True 的程式區塊 ....
else:
        布林 False 的程式區塊 ...
```

範例 18　如果 **a>b**，則印出 **'a>b'**；否則印出 **'a<b'**

▌程式碼

```
a = 10
b = 20
if a > b:
    print('a>b')
else:
    print('a<b')
```

▌執行結果

```
a<b
```

因為 a=10 小於 b=20，邏輯判斷結果是 False，所以執行的是 else 裡的語法。

範例 19　如果 **a==b**，則印出 **a==b**；否則印出 **a!=b**

▌程式碼

```
a = 10
b = 20
if a==b:
    print('a==b')
else:
    print('a!=b')
```

▌執行結果

```
a!=b
```

範例 20   用 **if** 來判斷 **a, b** 值的大小

程式碼

```
a,b = input('請輸入兩個數值 a 和 b：用逗號隔開 ').split(',')
a=int(a)
b=int(b)
if a>b:
    print('a>b')
elif a==b:
    print('a==b')
else:
    print('a<b')
```

執行結果

請輸入兩個數值 a 和 b：用逗號隔開 3,5
a<b

6-4   一行 **if**（One-line if）

if 是常用的語法，在 Python 裡同樣也有一行的寫法。有兩種寫法：

- 第一種：沒有 else。
- 第二種：有 else。

以下說明：

方法一：如果只有一個 **if**，沒有 **else** 或 **elif**

語法：

```
if 邏輯判斷式：成立的執行指令
```

範例 21 **if** 的使用，方法一

▌程式碼

```
a = 10
if a==10: print('a == 10')
```

▌執行結果

```
a == 10
```

方法二：如果有 else

▌語法：

```
成立的結果 if 布林條件式 else 不成立的結果
```

如果條件運算式成立，就輸出「成立的結果」；如果條件運算式不成立，就輸出「不成立的結果」。

範例 22 **if** 的使用，方法二

▌程式碼

```
a = 10
b = 20
print('a>b') if a>b else print('a<b')
```

▌執行結果

```
a<b
```

範例 23 用一行 **if** 寫，如果 **a==b**，則印出 **a==b**；否則印出 **a!=b**

▌程式碼

```
a = 10
b = 20
print('a==b') if a==b else print('a!=b')
```

▌執行結果

```
a!=b
```

用這個原則可以寫到多層以上的邏輯判斷，但不建議這麼做，因為程式可讀性會降低太多！

　　範例 24 使用多層邏輯判斷的一行 if 寫法，同學可以自行修改 a 的值來看看程式是否能正確判定 a 的範圍。

範例 24 多層以上邏輯判斷的一行 if 寫法

▌ **程式碼**

```
a=30
print('a<15') if a<15 else print('15=<a<30') if a<30 else print('a>=30')
```

▌ **執行結果**

```
a>=30
```

6-5　一行 if 與串列表達式的結合

　　這兩個威力強大的表達法如果能善用的話，可大幅降低程式的複雜性，也提升程式的可讀性。在串列表達式的最後做 if 的邏輯判斷，會有類似過濾資料的功能。如果 if 放在 for 前面就做資料轉換。

　　本節各範例中，list1 = [0, 1, 2, 3, 4, 5, 6, 7, 8, 9, 10]。

範例 25 只取出 list1 裡面的偶數（過濾效果）

▌ **程式碼**

```
list1 = [0, 1, 2, 3, 4, 5, 6, 7, 8, 9, 10]
[i for i in list1 if (i%2) == 0]
```

▌ **執行結果**

```
[0, 2, 4, 6, 8, 10]
```

本例中我們檢查取出 i 的餘數是否為 0，只有為 0 才會放回串列中。

如果 if 放在輸出結果和 for 的中間的就不是過濾資料輸出，而是處理資料後再輸出。

範例 26　將偶數值輸出 ' 偶數 '，奇數則輸出 ' 奇數 '（資料轉換）

▌ 程式碼

```
[f'偶數 {i}' if (i%2)==0 else f'奇數 {i}' for i in list1]
```

▌ 執行結果

[' 偶數 0', ' 奇數 1', ' 偶數 2', ' 奇數 3', ' 偶數 4', ' 奇數 5', ' 偶數 6', ' 奇數 7', ' 偶數 8', ' 奇數 9', ' 偶數 10']

我們可以發現所有串列裡的元素都沒被刪除，只是被轉換輸出結果。

6-6　在邏輯判斷裡還有一個語法，叫 in

這是非常好用的語法，讓我們檢查資料有沒有在字串或串列裡。傳統的做法要自己寫程式逐一檢查字串或串列裡的每一個元素；在 Python 裡只需用 in。

範例 27　文字是否在字串裡

▌ 程式碼

```
s = 'abc'
string = 'This is a abc test'
s in string
```

▌ 執行結果

```
True
```

範例 28　即使文字是在文字堆裡也可比對到

▌ 程式碼

```
s = 'abc'
string = 'This is a fabcd test'
s in string
```

▌ 執行結果

```
True
```

從範例 28 我們就知道，Python 是用每個字元做比對，而不是以字為單位；如果想用字為單位，我們就必須使用串列來做比對，以下會介紹。

範例 29　資料是否在串列裡

▌ **程式碼**

```
s = 'abc'
list1 = 'This is a abc test'.split()
s in list1
```

▌ **執行結果**

```
True
```

用字串的 split( ) 會將句子拆解成不同字的串列，這時再用 in 比對，就是以字為單位的比對。

範例 30　串列的 in 是要完全相同

▌ **程式碼**

```
s = 'abc'
list1 = 'This is a fabcd test'.split()
s in list1
```

▌ **執行結果**

```
False
```

熟悉這個技巧，我們就可以用這個技巧做以字為單位的檢查。

進階的使用範例，假設我們有一筆字典的資料 name1 = {'Billy':165, 'Bob':168, 'Mary':170, 'Joe':168}，我們想要 Bob 和 Mary 兩筆資料，做法見範例 31。如果我們不要 Bob 和 Mary，要怎麼做？提示：在 in 之前加 not。這個技巧也蠻常用的。

範例 31　字典表達式與一行 if 和 in 的結合

▌ **程式碼**

```
name1 = {'Billy':165,'Bob':168,'Mary':170,'Joe':168}
{k:v for k,v in name1.items() if k in ['Bob', 'Mary']}
```

█ 執行結果

```
{'Bob': 168, 'Mary': 170}
```

只有鍵值是 'Bob 和 'Mary' 時，我們才輸出。這個技巧在中文斷字上常被使用！

6-7　章末習題

1. 假設有一個串列 [1, 2, 3, 4, 5, 6, 7, 8, 9]，請取出奇數 [1, 3, 5, 7, 9]。
2. 請從 'This is a fabcd test' 找出包含 'abc' 的字。換言之，請輸出 ['fabcd']（提示：用 in）。
3. 請從兩個串列裡，輸出對應較大的值，例如，串列 l1, l2 分別為：

```
l1 = [1,2,3,4,5]
l2 = [6,5,4,3,2]
```

執行結果：

```
[6, 5, 4, 4, 5]
```

4. 假設有三個串列

```
l1 = [1,2,3,4,5]
l2 = [6,5,4,3,2]
l3 = [False,False,True,False,True]
```

當 l3 為 True 選串列 l1 的元素，如果 False 時選串列 l2 的元素。

執行結果：

```
[6, 5, 3, 3, 5]
```

第 7 章

Python
的套件與模組

為什麼要有模組呢？因為可以重複使用！那麼，什麼是套件呢？套件就是包含多個模組的集合；Python 強大的地方，就是別人幫我們寫了很多好用又免費的套件和模組。本書常用的套件有 pandas、numpy、matplotlib、seaborn，它們都是免費且功能強大的套件。

引用套件或模組常用的語法：

* **import 套件**
* **from 套件 import 模組**
* **from 套件 import 模組 as 別名**

7-1 套件和模組的介紹

方法一：直接 import 套件

比喻來說，pandas 套件就像是飯店的名字，如：喜來登；而模組就像是喜來登的客房號碼，當我們這麼使用套件時，譬如：pandas.Series，就像是在跟程式說：喜來登的 M305 號房。

範例 1 直接 import 套件

▌ 程式碼

```
import pandas
pandas.Series([1,2,3])
```

▌ 執行結果

```
0    1
1    2
2    3
dtype: int64
```

但如果每次都要回答這麼長，是不是麻煩？所以有了第二種做法。

方法二：from 套件 import 模組

這種做法的好處是，之後的引用不要再使用全名（套件 . 模組），而是直接使用模組就好，這就好比我已經在喜來登飯店裡，如果人家問我住在哪兒，我只要說 M305 號就可以了。

範例 2　from 套件 import 模組實作

▌程式碼

```
from pandas import Series
Series([1,2,3])
```

▌執行結果

```
0    1
1    2
2    3
dtype: int64
```

當然還可以更省略，就有了第三種做法。

方法三：from 套件 import 模組 as 別名

如果我已經住在喜來登飯店，人家問我住在哪兒？我只需簡答「305」，這個方法就能讓你用「別名」來簡答。不過一般來說，我會先參考別人怎麼寫別名，因爲如果大家用一致的寫法，能增加彼此程式可讀性。譬如：pandas 的別名是 pd，而 seaborn 是 sns，numpy 是 np。

範例 3　from 套件 import 模組 as 別名實作

▌程式碼

```
from pandas import Series as Se
Se([1,2,3])
```

▌執行結果

```
0    1
1    2
2    3
dtype: int64
```

7-2　如何自己撰寫函數

定義要用 def 起頭，再給函數名稱，之後接小括號，裡面放參數，記得加冒號：。函數裡的程式要縮排。比方說，我們要畫 20 顆星星，最簡單的寫法就是把參數寫死，如範例 4：

範例 4 定義函數

▌程式碼

```
def draw_line1():
    print(20*'*')
```

函數使用之前記得要先定義，在範例 4 我們已經完成定義但並沒有執行。之後要使用函數時，使用者只要打上函數名字，加上小括號，如範例 5。

範例 5 畫 20 顆星星（一）

▌程式碼

```
def draw_line1():
    print(20*'*')
draw_line1()
```

▌執行結果

```
********************
```

函數的好處是能將多行指令放在一起執行，像是巨集。

範例 6 多次執行函數

▌程式碼

```
def draw_line1():
    print(20*'*')
draw_line1()
draw_line1()
draw_line1()
```

▌執行結果

```
* * * * * * * * * * * * * * * * * * * *
* * * * * * * * * * * * * * * * * * * *
* * * * * * * * * * * * * * * * * * * *
```

但函數不僅如此，還可加入參數來增加函數的彈性，例如範例 7 可輸入參數的語法：

```
def draw_line2(n,symbol):
    print(n*symbol)
```

在使用函數參數時，要配合參數出現的位置輸入。譬如：draw_line2(20,'*') 就表示 n=20, symbol='*'。因為 n 是第一個參數，symbol 是第二個參數。而在函數裡就可以使用這兩個參數，讓原本寫死的函數變得有彈性。因此，參數的出現就是為了讓函數有彈性。這也是為什麼有些函數的參數很多，這都是為了要增加函數的彈性。初學者在學習的時候可以多翻閱使用手冊，來了解每個函數裡面有哪些不同的參數可以用來調整函數的行為。

範例 7　畫 20 顆星星（二）

▌程式碼

```
def draw_line2(n,symbol):
    print(n*symbol)
draw_line2(20,'*')
```

▌執行結果

```
* * * * * * * * * * * * * * * * * * * *
```

範例 8　承範例 7，畫 10 顆星星

▌程式碼

```
draw_line2(10,'*')
```

▌執行結果

```
* * * * * * * * * *
```

範例 9　承範例 7，畫 8 顆 +

▋ 程式碼

```
draw_line(8,'+')
```

▋ 執行結果

++++++++

如你所見，函數能大幅減少程式碼，而參數能增加函數的彈性。

有時候，你會希望函數有內定的參數，譬如：symbol=*。也就是說，如果使用者沒有輸入，symbol 會自動視爲 *。參數有內定值，語法如下：

```
def draw_line3(n,symbol='*'):
    print(n*symbol)
```

即使少給一個參數也沒關係，函數會自動使用內定值。

範例 10　使用內定值的函數

▋ 程式碼

```
def draw_line3(n,symbol='*'):
    print(n*symbol)
draw_line3(20)
```

▋ 執行結果

* * * * * * * * * * * * * * * * * * * *

在函數使用上，我們也可寫出參數全名，就像是字典的觀念，用鍵值的方式將參數值傳入函數。如此就可以忽略參數的順序，這是常使用的技巧，如範例 11。

範例 11　使用參數變數的名字將值傳入函數

▋ 程式碼

```
draw_line3(symbol='o', n=10)
```

▋ 執行結果

oooooooooo

7-3　函數的回傳值

上一節的函數比較像是把簡單指令集合在一起。但我們會希望函數執行完後，能將結果給後續的程式使用，這時候就會需要用到回傳值的觀念。在 Python 是用 return 這個關鍵字來做輸出回傳值。

如果將函數比喻成黑箱，那參數就是用來控制黑箱的運作，而函數回傳值（return）就是黑箱用來與外部溝通的橋樑。對一般使用者而言，我們並不需要去了解黑箱是怎麼設計的。我們要了解的是有哪些參數可以控制黑箱，而黑箱又會回傳出哪些數值給我們使用。

範例 12　定義加法函數，並將計算結果回傳出來

程式碼

```
def add(a,b):
    return a+b
```

執行結果

因為只定義函數，並沒有輸出結果。

範例 13　函數 add(1,2) 回傳出 3

程式碼

```
result = add(1,2)
result
```

執行結果

3

result 會有值是因為 add 函數回傳出 3。

範例 14　將兩數反轉順序，並用元組傳回

程式碼

```
def swap(a,b):
    return b,a
swap(3,5)
```

▌ **執行結果**

```
(5, 3)
```

7-4　函數的參數數目不固定

在定義函數時，參數用 *arg 就能允許使用者輸入不固定長度的參數。在函數裡，arg 就代表所有的參數，並用元組（tuple）型態來儲存。雖然我們沒教元組，但它和串列的差別，就在於元組的內容是不能修改的。

範例 15　變動長度的參數數目，三個參數

▌ **程式碼**

```
def func(*arg):
    print(' 輸入參數的資料型態 ',type(arg),' 其值為：',arg)
    for i in arg:
        print(i)


func(1,2,3)
```

▌ **執行結果**

```
輸入參數的資料型態 <class 'tuple'> 其值為： (1, 2, 3)
1
2
3
```

上述的方法雖然解決了一部分的情況，但有時我們不僅希望參數長度可任意，也希望能用指定變數的方式來傳入參數。這時我們在參數使用上就用 **kwargs。

範例 16　變動長度的參數數目，用字典傳入

▌ **程式碼**

```
def k_func(**kwargs):
    print(' 輸入參數的資料型態 ',type(kwargs),' 其值為：',kwargs)
    for k,v in kwargs.items():
        print(f' 鍵 {k}：值 {v}')


k_func(a=1,b=2,c=3)
```

執行結果

輸入參數的資料型態 `<class 'dict'>` 其值爲：`{'a': 1, 'b': 2, 'c': 3}`
鍵 a：值 1
鍵 b：值 2
鍵 c：值 3

7-5　函數的一行寫法（lambda x）

有時候，我們想快速定義函數卻不想先定義函數後再執行，就可以用 lambda 定義函數的寫法。lambda 定義函數的好處是快速使用，通常很簡短，因此一般都預設只使用一次。語法：

```
lambda p1,p2,... : expression（運算式）
```

範例 17　平方的函數（一）──平常的寫法

程式碼

```
def square(num):
    return num**2
square(15)
```

執行結果

```
225
```

範例 18　平方的函數（二）──用 lambda 來改寫平方的函數

程式碼

```
(lambda num: num**2)(15)
```

執行結果

```
225
```

在 pandas 裡，lambda 函數的寫法是常使用的，有時會搭配 if 來使用。我們遇到範例再來解釋。

7-6   章末習題

1. 寫一個字串的 string_to_list 函數：

    輸入：'I am a good man'

    輸出：['I', ' ', 'a', 'm', ' ', 'a', ' ', 'g', 'o', 'o', 'd', ' ', 'm', 'a', 'n']。

2. 寫一個將 list 字元變回字串的函數。類似 join：

    輸入：['I', ' ', 'a', 'm', ' ', 'a', ' ', 'g', 'o', 'o', 'd', ' ', 'm', 'a', 'n']

    輸出：'I am a good man'

3. 請撰寫一個函數。有一筆字串的資料 '123,456.88'，試將其改成浮點數（提示：先移除千分位號（,）再轉浮點數）。

第 8 章

pandas 套件

　　pandas 是 Python 裡的第三方套件。pandas 套件能做什麼？簡單來說，就是把 Excel 的表格觀念放到 Python 裡，你在 Excel 所有的操作幾乎都可以透過 pandas 的函式來完成，像是欄位的加總、分群、樞紐分析表、總計、折線圖、圓餅圖等等。所以，如果以資料的分析和處理，pandas 相當好用，不僅在資料的呈現上，也包括在資料的處理上。因此，對於需要大量處理資料的人員，學會 pandas 必定可以大幅提升工作效率。

　　pandas 主要有兩大資料結構：

1. Series：一維度的欄位。
2. DataFrame：二維度的表格。

　　Series 就像是 Excel 裡的其中一行或列，而 DataFrame 就是 Excel 裡的整個 table。因為 pandas 能夠「快速地」將資料整理和分析，它被廣泛運用於金融、商業等領域。pandas 很強大，其內部資料處理其實是 NumPy 套件。NumPy 這個套件的優點是快，但是很難溝通，pandas 的出現就是為了解決這個問題。

8-1　創建 Series 資料

　　本章先介紹 Series，它是 DataFrame 的基礎。Series 是一欄或一列的資料，是整個表的基礎。

- Series 的建立可透過 Series() 函數來實現（注意 S 要大寫）。
- 使用前要先匯入 pandas 套件，一般用 pd 來代表 pandas。pd 已經是大家慣用的寫法，建議不要隨便更改。
- 建立 Series 時，可以同時指定 index 的值和 values 的值。如果沒給 index 的值，則會用內定的數字來表示。

　　以下範例請循序操作，不重複置入前例程式碼。

範例 1　創建 Series 資料

程式碼

```
import pandas as pd
pd.Series(data=range(1,5),index=list('abcd'))
```

▋ 執行結果

```
a    1
b    2
c    3
d    4
dtype: int64
```

執行結果中，資料左方的 abcd 是索引鍵（index）非資料內容，右方的 1234 才是資料。由於 Series 同時包含索引鍵和其值，因此在資料結構上與字典類似，但其功能更為強大。

> **小技巧說明**
>
> 這裡用 list('abcd') 的小技巧，將字串 'abcd' 變成 ['a','b','c','d']，再傳給 index 參數。

範例 2　沒有指定 index 的 Series

▋ 程式碼

```
pd.Series(data=range(1,5))
```

▋ 執行結果

```
0    1
1    2
2    3
3    4
dtype: int64
```

如果沒有指定 index，就會用內定的 0,1,2,3 當索引值。

範例 3　確認資料型態為 Series

▋ 程式碼

```
type(pd.Series(data=range(1,5)))
```

▋ 執行結果

```
pandas.core.series.Series
```

8-2 Series 物件常用屬性

在 Python 裡，所有的資料型態都是物件。每個物件裡都可以有自己的資料（稱為屬性）和其函數（稱為方法）。Series 裡有兩個重要的屬性，其中一個是索引鍵（index），另一個是對應的值（values）。透過這兩個屬性，我們就可以取到 Series 裡的任何資料。而 Series 本身也提供了許多好用的方法來分析和處理其資料。

- index：索引鍵。
- values：值。

範例 4　讀取 Series 的值 values

程式碼

```
s = pd.Series(data=range(1,5),index=list('abcd'))
s.values
```

執行結果

```
array([1, 2, 3, 4])
```

s.values 能取到 Series 裡的值，其值是 NumPy 裡的 array。有興趣的同學可進一步去了解 NumPy 這個套件的使用！

範例 5　讀取 Series 的索引鍵 index 是 ['a', 'b', 'c', 'd']

程式碼

```
s.index
```

執行結果

```
Index(['a', 'b', 'c', 'd'], dtype='object')
```

8-3　利用位置和索引鍵提取 Series 的資料

既然 Series 提供了索引鍵，我們就可以利用它來讀取 Series 的資料。先回顧一下 s 的資料。

範例 6

程式碼

```
s = pd.Series(data=range(1,5),index=list('abcd'))
s
```

執行結果

```
a    1
b    2
c    3
d    4
dtype: int64
```

範例 7　用索引鍵來提取元素

程式碼

```
s['a']
```

執行結果

```
1
```

這個取資料的行為是不是很像字典？一樣透過索引鍵來取到想要的數值。

範例 8　索引鍵能用範圍設定取值

程式碼

```
s['b':'d']
```

執行結果

```
b    2
c    3
d    4
dtype: int64
```

索引鍵能用範圍來設定，這點是字典做不到的。如果用索引鍵來設定範圍會包含結尾點。

　　如果要取多個不連續的值，就要將取值的對應索引鍵用串列包覆，如範例 9。同樣地，這種做法也是字典做不到的。

範例 9 將索引鍵做成串列來取值

▌ 程式碼

```
s[['a','d','c']]
```

▌ 執行結果

```
a    1
d    4
c    3
dtype: int64
```

範例 10 用位置來做索引

▌ 程式碼

```
s[0]
```

▌ 執行結果

```
1
```

　　雖然 Series 有索引鍵，但仍可以用位置來做索引。換言之，Series 仍記錄著所有資料的位置。s[0] 對應到的是 s['a']，輸出就是 1。

　　為什麼要多此一舉呢？因為資料位置亦提供取值的方便性。譬如我們要取倒數 2 筆資料，如果沒有位置的索引，就必須查倒數 2 筆的索引鍵。

　　這種雙重索引的方式，提供 pandas 強大的資料處理能力，但是使用上就要格外小心。在第 9 章 DataFrame 的說明會講得更清楚。

範例 11 用位置範圍來做索引

▌ 程式碼

```
s[1:]
```

執行結果

```
b    2
c    3
d    4
dtype: int64
```

在範例 11 中，s[1:] 對應到 s['b':'d']。同理，在範例 12 中，s[[0,3,2]] 對應的是 s[['a','d','c']]。

範例 12　用位置串列來做索引

程式碼

```
s[[0,3,2]]
```

執行結果

```
a    1
d    4
c    3
dtype: int64
```

　　很明顯的是，用索引鍵做索引會比較清楚，但有時候用位置做索引會比較方便。譬如在範例 13 和範例 14 中，我要 Series 的前後各三筆資料。

範例 13　Series 的前三筆資料

程式碼

```
s[:3]
```

執行結果

```
a    1
b    2
c    3
dtype: int64
```

範例 14 Series 的後三筆資料

▌程式碼

```
s[-3:]
```

▌執行結果

```
b    2
c    3
d    4
dtype: int64
```

8-4　變更索引鍵

有時候我們需要改變索引鍵，要怎麼做呢？兩種方法：

- **整個換掉。**
- 用 rename()：換掉某一個。

我們先示範如何將整個索引鍵換掉。

範例 15 承前節範例，將索引鍵換成大寫

▌程式碼

```
s.index = list('ABCD')
s
```

▌執行結果

```
A    1
B    2
C    3
D    4
dtype: int64
```

再示範使用 rename() 更換索引鍵。rename 的參數是字典格式 {' 舊 ':' 新 '}，要注意：要加 inplace=True 才會真正置換。換言之，在 pandas 的想法裡面，函數盡量不做置換的動作，除非使用者明確指定。這種「不做置換」的選擇有利於使用者做資料的實驗。

範例 16 用 **rename** 的方法來更換索引鍵

▎程式碼

```
s.rename({'A':'AA'}, inplace=True)
s
```

▎執行結果

```
AA     1
B      2
C      3
D      4
dtype: int64
```

8-5　索引鍵的重要性

- 取值容易（之前已介紹）。
- 資料合併或數值運算時，可以用索引鍵來對齊。

我們先創建兩個 Series，s1 的索引鍵是 'b','c','d'。s2 的索引鍵是 'a','b','c'。

範例 17 創建兩個 Series 資料

▎程式碼

```
s = pd.Series(data=range(1,5),index=list('abcd'))
s1 = s[1:]   # 索引鍵為 'b','c','d'
s2 = s[:-1]  # 索引鍵為 'a', b','c'
print(f's1 的資料 \n{s1}\n\ns2 的資料 \n{s2}')
```

▎執行結果

```
s1 的資料
b      2
c      3
d      4
dtype: int64
```

```
s2 的資料
a    1
b    2
c    3
dtype: int64
```

範例 18　兩個 Series 相加（會用索引鍵對齊後相加）

▎ **程式碼**

```
s1 + s2
```

▎ **執行結果**

```
a    NaN
b    4.0
c    6.0
d    NaN
dtype: float64
```

範例 18 中，在 s1 和 s2 裡，共同的索引鍵為 b 和 c，因此對齊相加結果為 4，6；而 a 和 d 並非共同的索引鍵，所以無法計算，輸出 NaN，NaN（Not a Number）表示沒有值，也可視為 missing value。

範例 19　兩個 Series 用共同索引鍵相乘

▎ **程式碼**

```
s1 * s2
```

▎ **執行結果**

```
a    NaN
b    4.0
c    9.0
d    NaN
dtype: float64
```

請讀者留意，這種會依索引鍵對齊的運算方式帶來一些便利性。譬如，索引鍵是員工的編號，那麼自動對齊的功能就相當方便。但是如果不注意這種自動對齊的效果，也可能帶來不預期的結果。譬如，在上面兩個例子裡，我們就只是希望單純的相加或相乘而不要對齊，我們就要將 s2 的 index 先拿掉後再相加，寫成 s1 + s2.values。

8-6　Series 常用的方法

　　Series 和串列最大的不同是將自身的資料視為向量。簡單地說，就是可以直接寫 Series ＋ 3，就將裡面每個元素都加 3。這在串列裡是必須以串列表達式才能完成的。這種以向量為基礎的語言，更適合資料分析。而在 Series 常用的方法（函數）除了四則運算外，還有 sum、mean、max 等。以下介紹：

- +-*/
- sum()
- mean()
- max()
- min()
- describe()

範例 20　**Series 的加法（加法是針對每個元素來加）**

程式碼

```
s + 2
```

執行結果

```
a    3
b    4
c    5
d    6
dtype: int64
```

範例 21　**Series 的乘法（也是針對每個元素來相乘）**

程式碼

```
s * 2
```

執行結果

```
a    2
b    4
c    6
d    8
dtype: int64
```

範例 22　Series 裡元素的總和（1+2+3+4 = 10）

▌程式碼

```
s.sum()
```

▌執行結果

```
10
```

範例 23　Series 的元素累加總和

▌程式碼

```
s.cumsum()
```

▌執行結果

```
a     1
b     3
c     6
d    10
dtype: int64
```

範例 24　Series 的平均

▌程式碼

```
s.mean()
```

▌執行結果

```
2.5
```

範例 25　Series 的標準差

▌程式碼

```
s.std()
```

▌執行結果

```
1.2909944487358056
```

範例 26 Series 的最大值

▊ 程式碼

```
s.max()
```

▊ 執行結果

```
4
```

範例 27 Series 的最小值

▊ 程式碼

```
s.min()
```

▊ 執行結果

```
1
```

範例 28 Series 的描述性統計（包括次數、平均值、標準差、最大最小值、各種百分位數。一個指令做到剛才我們做的一些事。）

▊ 程式碼

```
s.describe()
```

▊ 執行結果

```
count    4.000000
mean     2.500000
std      1.290994
min      1.000000
25%      1.750000
50%      2.500000
75%      3.250000
max      4.000000
dtype: float64
```

範例 29 計算 Series 的資料數目（一）

▌ 程式碼

```
len(s)
```

▌ 執行結果

4

範例 30 計算 Series 的資料數目（二）

▌ 程式碼

```
s.size
```

▌ 執行結果

4

範例 31 計算 Series 的資料數目（三）

▌ 程式碼

```
s.count()
```

▌ 執行結果

4

size 和 count() 的差異是，count() 並不會將遺漏值納入計算個數裡。讀者可用 pd.Series([1,2,3, np.nan]) 自行實驗看看。

8-7　Series 用來處理「類別型資料」的常用方法

Series 裡用來處理「類別型」資料的方法有哪些？類別型資料像性別、教育程度有不同類別的資料。

- unique()
- nunique()：nunique() 的 n 是 number 的意思
- value_counts()

- sort_values()
- sort_index()

在進行接下來的範例前，先定義一組 Series 資料，存放到變數 s。本例的索引鍵就用內定的 0,1,2...。

範例 32 創建 Series 資料

程式碼

```
s = pd.Series(['a','a','b','b','b','c','c','d','b'])
s
```

執行結果

```
0    a
1    a
2    b
3    b
4    b
5    c
6    c
7    d
8    b
dtype: object
```

範例 33 s 有幾個不同的資料類別

程式碼

```
s.nunique()
```

執行結果

```
4
```

範例 34　列出 s 有哪些不同的資料類別（跟上例比較就是去掉最前面的 n）

▌程式碼

```
s.unique()
```

▌執行結果

```
array(['a', 'b', 'c', 'd'], dtype=object)
```

範例 35　列出 s 有哪些不同的資料類別並計算各出現幾次

▌程式碼

```
s.value_counts()
```

▌執行結果

```
b    4
c    2
a    2
d    1
dtype: int64
```

內訂輸出會依次數大小排序，可用 sort=False 將排序選項關掉，結果表示，b 出現 4 次，c 是 2 次，依此類推。

範例 36　各類別出現次數的百分比（用參數 **normalize=True**）

▌程式碼

```
s.value_counts(normalize=True)
```

▌執行結果

```
b    0.444444
c    0.222222
a    0.222222
d    0.111111
dtype: float64
```

這個參數是不是很好用？如果沒有這個參數，我們就要自己去計算所有樣本的個數再來做相除。這個例子也可以看出參數的方便。

範例 37 將範例 36 的結果小數點兩位表示（用 **round(2)**，在這個例子裡，我們就看到 Python 允許程式一直串接的威力了！）

▌ 程式碼

```
s.value_counts(normalize=True).round(2)
```

▌ 執行結果

```
b    0.44
c    0.22
a    0.22
d    0.11
dtype: float64
```

範例 38 將範例 37 的執行結果依照索引鍵的大小來排序（**sort_index** 依索引鍵大小來排序）

▌ 程式碼

```
s.value_counts(normalize=True).round(2).sort_index()
```

▌ 執行結果

```
a    0.22
b    0.44
c    0.22
d    0.11
dtype: float64
```

　　如果你開始覺得 Series 很厲害，其實這才是開始而已。我們再往後加 plot() 就能畫出圖形。所有想要的結果都在指尖而已。畫圖前要加 %matplotlib inline 才能顯示在 JUPYTER NOTEBOOK。但只要打一次即可！

範例 39 將範例 38 的 Series 結果畫成柱狀圖（只要再加 .plot(kind='bar')，bar 表示柱狀圖）

▌ **程式碼**

```
%matplotlib inline
s.value_counts().sort_index().plot(kind='bar')
```

▌ **執行結果**

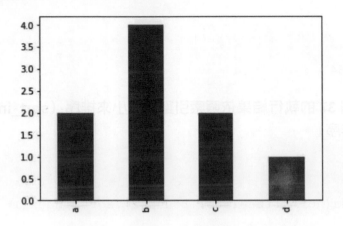

8-8　小結

　　pandas 套件之所以強大，是因為它集結了許多重要的套件，包括 NumPy 和 Matplotlib。NumPy 讓它在運算上相當快速，Matplotlib 讓它能夠繪圖。

　　Series 是 DataFrame 的基礎。Series 是一維的欄或列，DataFrame 是二維的表。當我們學會 padnas 就可以從「表」的處理觀點來處理資料。這種高維度的資料觀點，讓我們能夠成為資料處理的經理，快速看見資料裡面所蘊藏的價值，而不是只做一堆資料的苦力處理而已。

8-9 章末習題

請寫程式完成以下問題,並列印執行結果。

1. 假設我們有一個 Series 如下:

   ```
   s = pd.Series(range(8,0,-1), index=list('abcdefgh'))
   ```

   (1) 請取出 s['c'],同時用標籤和位置都做一次。

   (2) 請取出 s['h'],同時用標籤和位置都做一次(提示:位置是最後一筆)。

   (3) 請取出標籤 'b' 到 'd'。

   (4) 請取出標籤 'c' 和 'g'。

2. 假設有兩個 Series 如下:

   ```
   s1 = pd.Series([1,2,3,4],index=list('abcd'))
   s2 = pd.Series([5,8,9,3],index=list('dcba'))
   ```

   (1) 請問 s1 + s2 的值。

   (2) 請問 s1 - s2 的值。

   (3) 請問 s1 * s2 的值。

   (4) 請問 s1 / s2 的值。

   (5) 請問 s1*s2 之後再將相乘元素相加的結果是?(這就是向量內積)。

3. 假設有一串列

   ```
   s = pd.Series(['a','b','d','f','a','d','f','s','a'])
   ```

   (1) 請問裡面有幾個不同的類別?

   (2) 請問裡面有哪些不同的類別?

   (3) 請問這些不同的類別各出現幾次?

   (4) 請問這些不同的類別各出現幾次?並用 index 來排序。

4. 請用 Series 建立文字次數的計算程式。

   ```
   s = "I love you and you love him and who loves who"
   ```

   (1) 請將 s 裡的每個字變成 Series 裡的元素。

   (2) 請計算每個元素的次數。

   (3) 畫圖。

第 9 章
pandas DataFrame 介紹

=== 本章學習重點 ===

Series 是對應到類似 Excel 一欄或一列的資料；而 DataFrame 則是對應到一個工作表。兩者最大的差異是 Series 是一維的資料型態，而 DataFrame 是二維的資料型態。對人類而言，這是最容易理解的資料維度。因此，我們很多資料都是用二維的方式來儲存。一般來說，在列的維度，所存放的是一筆一筆的資料；在欄的維度，所存放的是不同的欄位。

先載入需要的套件，再進行本章的教學。

▌ 程式碼

```
# 以下兩行是畫圖用
%matplotlib inline
import matplotlib.pyplot as plt
# 載入 pandas 套件
import pandas as pd
import numpy as np
```

9-1 創立 DataFrame

首先，我們先建立字典，裡面共有三種資料，分別是數學成績、英文成績和歷史成績，並存放在 scores 的變數。

範例 1 用字典的方式來建立 DataFrame

▌ 程式碼

```
scores = {'Math':[90,50,70,80],
          'English':[60,70,90,50],
          'History':[33,75,88,60]}
scores
```

▌ 執行結果

```
{'English': [60, 70, 90, 50],
 'History': [33, 75, 88, 60],
 'Math': [90, 50, 70, 80]}
```

第二步將字典傳入 pd.DataFrame 裡（請注意 D 和 F 要大寫），並將結果存到 df 裡。如果沒有指定 index 參數的值，pandas 會自動指定 0，1，2...，這和 Series 是相同的。

範例 2

程式碼

```
pd.DataFrame(scores)
```

執行結果

	Math	English	History
0	90	60	33
1	50	70	75
2	70	90	88
3	80	50	60

我們觀察一下結果：

1. 索引鍵是自動生成為 0,1,2,3，因為 DataFrame 多了一個維度，因此往下的索引鍵，我們之後稱為「列索引鍵」。在 DataFrame 裡用 index 表示。
2. 而多出的由左向右的索引鍵，我們稱為「欄索引鍵」，分別是 Math, English 和 History。在 DataFrame 裡用 columns 表示。
3. DataFrame 的輸出在 JUPYTER NOTEBOOK 裡會排版比較美觀，更便於觀察資料。
4. 觀察發現，DataFrame 主要的元素包括兩個索引鍵和其內部的資料。如果沒有指定索引鍵，就會用預設的 0,1,2,3…。

範例 3   用串列方式來建立 DataFrame

程式碼

```
list1 = [[90, 60, 33],
        [50, 70, 75],
        [70, 90, 88],
        [80, 50, 60]]
pd.DataFrame(list1)
```

執行結果

	0	1	2
0	90	60	33
1	50	70	75
2	70	90	88
3	80	50	60

在範例 3 中，由於沒有指定列索引鍵和欄索引鍵，因此都用內定值的 0,1,2,3。

考一下讀者，索引鍵有什麼功用？

(1) 方便存取資料，(2) 資料能自動對齊。

我們在 DataFrame 裡用 columns 參數來設定欄索引鍵的值，見範例 4。

範例 4 用串列方式來建立 **DataFrame**，並加入欄索引鍵 **columns**

▌程式碼

```
list1 = [[90, 60, 33],
      [50, 70, 75],
      [70, 90, 88],
      [80, 50, 60]]
pd.DataFrame(list1, columns=['Math', 'English', 'History'])
```

▌執行結果

	Math	English	History
0	90	60	33
1	50	70	75
2	70	90	88
3	80	50	60

設定 DataFrame 的列索引鍵

一個 DataFrame 主要包含列索引鍵和欄索引鍵。接下來我們說明如何設定列索引鍵。首先，在資料編排和呈現上，我們習慣將一筆一筆資料由上往下增加，也就是往列索引鍵的方向增加資料。我們假設列索引鍵的四筆資料為四位同學的資料，四位同學為 Simon、Allen、Jimmy、Peter。設立列索引鍵最簡單的方式，是在一開始就將它當作參數傳入 DataFrame。

基本語法參考：

```
pd.DataFrame(data=None, index=None, columns=None)
```

範例 5 設定 DataFrame 的列索引鍵

▍程式碼

```
list1 = [[90, 60, 33],
         [50, 70, 75],
         [70, 90, 88],
         [80, 50, 60]]
df = pd.DataFrame(list1, columns=['Math', 'English', 'History'],
                  index=['Simon','Allen','Jimmy','Peter'])
# 因為之後的操作都會以這筆資料為主，我們先備份一份到 df_orig 裡，如果需要還原時
就從 df_orig 還原。
# 要加 copy() 才會做出新的一份資料，不然兩個變數會存取同一份資料！
df_orig = df.copy()
df
```

▍執行結果

	Math	English	History
Simon	90	60	33
Allen	50	70	75
Jimmy	70	90	88
Peter	80	50	60

這個範例的 DataFrame 就很清楚。垂直往下走，是一筆一筆學生的成績表現。水平往右走，是不同科目的成績表現。

由於我們在之後的範例裡會破壞原始資料，因此事先備份一份資料出來，以便做實驗。

9-2　DataFrame 的重要屬性（attributes）

　　DataFrame 最基本的三個屬性包括：列索引鍵（index）、欄索引鍵（columns）和其值（values）。其他還有 shape 可以檢查 DataFrame 的維度，以及 dtypes 可以檢查其內部值的資料型態。

- index：列索引鍵，代表每一列資料的索引名稱。
- columns：欄索引鍵，代表資料欄位的索引名稱。

- values：這是其內容。
- shape：維度。
- dtypes：資料型態。

範例 6 縱向的標籤，稱為列索引鍵

▎程式碼

```
df.index
```

▎執行結果

```
Index(['Simon', 'Allen', 'Jimmy', 'Peter'], dtype='object')
```

列索引鍵裡的是人名。

範例 7 橫向的標籤，稱為欄索引鍵

▎程式碼

```
df.columns
```

▎執行結果

```
Index(['Math', 'English', 'History'], dtype='object')
```

欄索引鍵裡的是科目名稱。

範例 8 DataFrame 裡面存放的值，為 NumPy 的 array

▎程式碼

```
df.values
```

▎執行結果

```
array([[90, 60, 33],
       [50, 70, 75],
       [70, 90, 88],
       [80, 50, 60]])
```

　　在範例 9 中來看看，DataFrame 的張量維度是二維，第一維度的值是列的數量，第二維度的值是欄的數量。

範例 9 本節範例中，**DataFrame** 的第一維度是四列，第二維度是三欄

▌ 程式碼

```
df.shape
```

▌ 執行結果

```
(4, 3)
```

範例 10 **DataFrame** 的欄位資料型態都是整數 **int64**

▌ 程式碼

```
df.dtypes
```

▌ 執行結果

```
Math         int64
English      int64
History      int64
dtype: object
```

修改列或欄索引鍵

　　雖然索引鍵的資料結構像串列，好像能直接置換值，但因為索引鍵很重要，因此 DataFrame 並不會希望你任意變動它的值。

範例 11 索引鍵像串列，能用範圍取值

▌ 程式碼

```
df.columns[0:3]
```

▌ 執行結果

```
Index(['Math', 'English', 'History'], dtype='object')
```

若是想要將欄索引鍵裡的 'Math' 改為小寫的 'math'，直觀上，我們會想這麼做：

```
df.columns[0] = 'math'
```

但這是不可行的。Python 會告訴你 index 是 immutable 的。因此要用 rename 的方法，參數為字典格式，axis = 1 表示需要改的是欄索引鍵。

axis=0 表示爲垂直的方向，axis=1 爲水平的方向。什麼意思呢？由於我們有兩個索引鍵，如果在 rename() 函數裡面沒有設定的話，那麼預設的方向就是垂直的方向，也就是修改列索引鍵的值。如果 rename() 沒有這個參數的話，我們就會需要兩個獨立的函數，譬如：rename_index 和 rename_columns。這就是爲什麼我們說，參數能增加函數的彈性，減少不必要的程式設計浪費。

請記得，在 DataFrame 裡，很多函數都有它自己的 axis 選項，表示這個函數可以水平或垂直方向執行。一般來說，axis 的預設值爲 0，表示函數預設方向爲沿列索引鍵的垂直方向，即函數處理是以一個欄一個欄爲單位。

rename() 語法裡的第一個參數是（{' 原欄位名稱 ':' 新欄位名稱 }），範例 12 和範例 13 介紹 rename() 的使用。

範例 12 將欄索引鍵裡的 'Math' 改為小寫的 'math'

▌程式碼

```
df = df.rename({'Math':'math'}, axis=1)
df
```

▌執行結果

	math	English	History
Simon	90	60	33
Allen	50	70	75
Jimmy	70	90	88
Peter	80	50	60

rename() 的另一種做法是用 columns 的參數，這種方式就不用設定 axis=1，也更爲清楚，如範例 13。

範例 13 將欄索引鍵裡的 'English' 改為小寫的 'english'

▌程式碼

```
df = df.rename(columns={'English':'english'})
df
```

▌ 執行結果

	math	english	History
Simon	90	60	33
Allen	50	70	75
Jimmy	70	90	88
Peter	80	50	60

雖然索引鍵不允許置換其任一元素，但可以整批換掉。這跟字串是相同的。

範例 14 將欄索引鍵換成 'a', 'b', 'c'

▌ 程式碼

```
df.columns = ['a', 'b', 'c']
df
```

▌ 執行結果

	a	b	c
Simon	90	60	33
Allen	50	70	75
Jimmy	70	90	88
Peter	80	50	60

範例 15 將列索引鍵換成 'A', 'B', 'C', 'D'

▌ 程式碼

```
df.index = list('ABCD')
df
```

▌ 執行結果

	a	b	c
A	90	60	33
B	50	70	75
C	70	90	88
D	80	50	60

一般來說,如果索引鍵置換的數目比較少時,會選用 rename 函數,如果整批要換掉的話就直接置換。我們在本書的最後一章再來說明另一個用 rename 函數的好處,就是可以進行函數的串接。因此就我個人而言,rename 的選擇會是優先考慮。

範例 16　取消列索引鍵(這要用 **reset_index()** 方法)

▌程式碼

```
df = df.reset_index()
df
```

▌執行結果

	index	a	b	c
0		A	90	60	33
1		B	50	70	75
2		C	70	90	88
3		D	80	50	60

顧名思義,reset_index 只能用在列索引鍵,因此它不會有 axis 參數選擇。

從執行結果我們觀察到,原本的 DataFrame 多了一個 index 的欄位,這就是原本 index 的值,而列索引鍵則還原成 0,1,2,3。換言之,reset_index 會保留原本的 index 到新的欄位。

範例 17　指定 **'a'** 欄位是列索引鍵(用 **set_index('a')** 這個函數,而原本的列索引鍵就會被取代)

▌程式碼

```
df = df.set_index('a')
df
```

▌執行結果

	index	b	c
a			
90	A	60	33
50	B	70	75
70	C	90	88
80	D	50	60

範例 18 再將列索引鍵換回原本的 **'index'**，你會發現 **'a'** 列索引鍵不見了

▌ 程式碼

```
df = df.set_index('index')
df
```

▌ 執行結果

	b	c
index		
A	60	33
B	70	75
C	90	88
D	50	60

使用 reset_index 時如果不想保留列索引鍵，就設參數 drop=True，實作見範例 19。

範例 19 再次取消列索引鍵，並將其丟棄（用參數 **drop=True**）

▌ 程式碼

```
df = df.reset_index(drop=True)
df
```

▌ 執行結果

	b	c
0	60	33
1	70	75
2	90	88
3	50	60

inplace 的觀念

在 DataFrame 裡許多的指令都不會改變原本的資料，這樣子的好處是你可以先試試看，等確定無誤之後再來置換資料。通常這些函數會有一個參數，叫 inplace，就是用來設定是否永久置換。

函數的設計是否要直接做資料的置換各有其優缺點。以串列來講，預設就是置換，在 pandas 的思維裡並不直接做資料的置換，而是要求使用者要明確指定。這種不置換的思維有 3 個好處：(1) 原始資料不會被破壞，(2) 由於 pandas 函數的回傳值通常是 DataFrame，因此可以做函數的串接。(3) 當函數串接在一起的時候，我們可以更清楚看見每一個步驟要做的事情是什麼，可用來增加程式的可讀性。這就有點像我在本書第 18 章，以及《一行指令學 Python：用機器學習掌握人工智慧》那本書裡面所提到「pipeline —管道器」的觀念。

在使用 pandas 多年之後，我個人傾向不要使用 inplace=True，而是在整個實驗步驟都完成後再用指派符號（=）將資料存出。我們在最後一章再來說明。

以範例 20 來說，為什麼我們會需要還原資料，就是因為原始資料在實驗過程中被我們破壞了。如果原始資料沒有被破壞，我們就不用一直還原資料。

範例 20　先還原 DataFrame

┃ 程式碼

```
df = df_orig.copy()
df
```

┃ 執行結果

	Math	English	History
Simon	90	60	33
Allen	50	70	75
Jimmy	70	90	88
Peter	80	50	60

範例 21　將 Math 設為列索引鍵

▋ 程式碼

```
df.set_index('Math')
```

▋ 執行結果

Math	English	History
90	60	33
50	70	75
70	90	88
80	50	60

我們再看一次原本的 df，你會發現列索引鍵並沒有改變，這是因為 df.set_index('Math') 的內定參數並不置換原本的資料，如果要置換，就要用 inplace=True 修改。

範例 22　檢視 df 並沒有改變

▋ 程式碼

```
df
```

▋ 執行結果

	Math	English	History
Simon	90	60	33
Allen	50	70	75
Jimmy	70	90	88
Peter	80	50	60

範例 23　加入 **inplace=True** 參數，就會真正置換

程式碼

```
df.set_index('Math', inplace=True)
df
```

執行結果

Math	English	History
90	60	33
50	70	75
70	90	88
80	50	60

眼尖的讀者可能發現，之前的例子中沒有用 inplace 也能置換 DataFrame，這是因為有兩種方法可以真正改變內容：

方法一：用函數內的 inplace 參數。

方法二：用指派符號（=）直接置換 DataFrame。

這兩種方法都可以，我個人比較傾向用方法二，原因同樣在最後一章說明。

9-3　索引鍵自動對齊的功能

　　索引鍵自動對齊的功能是非常重要的，這與 Series 能透過索引鍵做資料對齊是相同的。例如：加入 Chinese 科目，但只有 Simon 和 Peter 有分數。

範例 24　加入 **Chinese** 科目，但只有 **Simon** 和 **Peter** 有分數

程式碼

```
ch_df = pd.DataFrame({'Chinese':[55,88]},index=['Simon','Peter'])
ch_df
```

執行結果

	Chinese
Simon	55
Peter	88

範例 25　將 **ch_df** 加入原本的 **df**

▍程式碼

```
# 先還原 df
df = df_orig.copy()
df['Chinese'] = ch_df
df
```

▍執行結果

	Math	English	History	Chinese
Simon	90	60	33	55.0
Allen	50	70	75	NaN
Jimmy	70	90	88	NaN
Peter	80	50	60	88.0

跟字典一樣，如果要增加一個新欄，可以用 df[' 新的名稱 ']。你會發現 Chinese 自動加到最後面，而且資料會依列索引鍵對齊後再加入。因此，只有 Simon 和 Peter 有成績。Allen 和 Jimmy 是沒有資料的，用 NaN 表示。

9-4　NaN 介紹

NaN（Not a number）在 Python 是一個特殊的值，只能用函數來檢查，不能用等號檢查，即使用 np.NaN == np.NaN 都是 False。

範例 26　np.NaN 無法用 np.NaN 相等來 檢查

▍程式碼

```
import numpy as np
np.NaN == np.NaN
```

▍執行結果

```
False
```

範例 27　檢查資料是否為 NaN

▌ 程式碼

```
pd.isnull(np.NaN)
```

▌ 執行結果

```
True
```

範例 28　檢查資料不為 NaN

▌ 程式碼

```
pd.notnull(np.NaN)
```

▌ 執行結果

```
False
```

計算 DataFrame 裡有幾個遺漏值

透過上面的技巧，我們可以計算資料裡共有幾個遺漏值（missing values）。

範例 29　檢查是否有遺漏值（**False** 表示非遺漏值，而 **True** 表示是遺漏值）

▌ 程式碼

```
df.isnull()
```

▌ 執行結果

	Math	English	History	Chinese
Simon	False	False	False	False
Allen	False	False	False	True
Jimmy	False	False	False	True
Peter	False	False	False	False

df 的 sum() 會將每個欄的總和算出。因為 False 會被視為 0，True 被視為 1，Chinese 有兩個 True，其總和值為 2。

雖然 pd.isnull() 和 df.isnull() 都能用來檢查遺漏值。但以範例 29 而言，df.isnull() 又更直接。從口語來說，就好像我們在問：這筆資料（df）裡面有沒有遺漏值（isnull）？

範例 30 計算遺漏值數目

▌ 程式碼

```
df.isnull().sum()
```

▌ 執行結果

```
Math        0
English     0
History     0
Chinese     2
dtype: int64
```

範例 31 計算整個 **DataFrame** 裡有幾個遺漏值（將範例 **30** 的執行結果再加總一次即可）

▌ 程式碼

```
df.isnull().sum().sum()
```

▌ 執行結果

```
2
```

這就是我所謂「函數串接的威力」，第一個 sum( ) 是不同欄位遺漏值的個數，第二個 sum( ) 是全部欄位遺漏值的個數，也就是全部遺漏值的個數。

　　除了知道遺漏值的個數之外，我們可能更有興趣的是哪些資料遺漏了，要知道有哪些資料有遺漏值，要用 any() 的方法，其功能就像是 or 一樣，只要有一個元素是 True 就會輸出 True；我們要做的是橫向的檢查，設 axis = 1，結果發現 Allen 和 Jimmy 的資料有遺漏值。相關實作見範例 32。

範例 32　檢查哪些人的資料有遺漏值

▊ **程式碼**

```
df.isnull().any(axis=1)
```

▊ **執行結果**

```
Simon      False
Allen       True
Jimmy       True
Peter      False
dtype: bool
```

　　我們可以透過範例 32 的執行結果，把它當成過濾器，進一步過濾出布林值為 True 的兩筆資料。詳細布林值過濾的方式，我們會在之後的小節介紹。

範例 33　進一步將 **Allen** 和 **Jimmy** 的資料取出（用布林值取值的方式，在之後會介紹）

▊ **程式碼**

```
df[df.isnull().any(axis=1)]
```

▊ **執行結果**

	Math	English	History	Chinese
Allen	50	70	75	NaN
Jimmy	70	90	88	NaN

遺漏值要如何處置

遺漏值的處理方式如下：

- 不理它。
- 丟掉它（dropna()）。
- 換掉它（fillna()）。
- 隨便它（不好意思，沒有這個選項！）。

下面先看如何丟掉遺漏值。

範例 34　回顧 **df** 內的值，其中有兩筆遺漏值

程式碼

```
df
```

執行結果

	Math	English	History	Chinese
Simon	90	60	33	55.0
Allen	50	70	75	NaN
Jimmy	70	90	88	NaN
Peter	80	50	60	88.0

範例 35　用 **dropna()** 丟棄遺漏值

程式碼

```
df.dropna()
```

執行結果

	Math	English	History	Chinese
Simon	90	60	33	55.0
Peter	80	50	60	88.0

在上面的例子中，因為 Allen 和 Jimmy 有遺漏值，整列會被丟掉，如果你資料多就算了；如果資料少，或這些資料很重要，你就要用「換掉它」來處理。因為 dropna 沒設 inplace=True，df 仍然沒有改變。

將遺漏值填滿

(1) 要將遺漏值由上往下填滿，可以用 method=ffill，語法：

```
df.fillna(value=None, method=ffill)
```

其中 ffill 為 forward fill 的意思，在範例 36 中，國文成績 55 往下填了兩筆。

範例 36　將遺漏值由上往下填滿

▌ 程式碼

```
df.fillna(method='ffill')
```

▌ 執行結果

	Math	English	History	Chinese
Simon	90	60	33	55.0
Allen	50	70	75	55.0
Jimmy	70	90	88	55.0
Peter	80	50	60	88.0

(2) 若要將遺漏值由下往上填滿，則用 method=bfill（backward fill）。範例 37 中，國文成績 88 向上填了兩筆。

範例 37　將遺漏值由下往上填滿

▌ 程式碼

```
df.fillna(method='bfill')
```

▌ 執行結果

	Math	English	History	Chinese
Simon	90	60	33	55.0
Allen	50	70	75	88.0
Jimmy	70	90	88	88.0
Peter	80	50	60	88.0

(3) 若要使用平均值取代遺漏值，以本章範例中的國文成績為例，可以用 df['Chinese'] 取出其欄位值，再用 mean() 取平均。

範例 38　以平均值取代遺漏值

程式碼

```
avg = df['Chinese'].mean()
df.fillna(avg)
```

執行結果

	Math	English	History	Chinese
Simon	90	60	33	55.0
Allen	50	70	75	71.5
Jimmy	70	90	88	71.5
Peter	80	50	60	88.0

這裡要注意的是 avg 是 Series 的結果，帶有索引鍵，因此 fillna(avg) 填入遺漏值時，會自動參照不同索引鍵將遺漏值填入。換言之，這個方法可以自動填滿所有欄位的遺漏值。所以如果你有問卷資料，資料裡面有遺漏值，你又剛好想用平均值來填滿遺漏值，你就可以用這個步驟填滿遺漏值。在第 16 章會再說明一次。

範例 39　上例的一行寫法

程式碼

```
df.fillna(df['Chinese'].mean())
```

執行結果

	Math	English	History	Chinese
Simon	90	60	33	55.0
Allen	50	70	75	71.5
Jimmy	70	90	88	71.5
Peter	80	50	60	88.0

9-5 如何定位和讀取 DataFrame 裡面的元素

這個地方是一般初學者最感到困惑的地方。因為 DataFrame 同時包含了列和欄兩維索引，再加上很多人都用縮寫的方式，往往讓學習和閱讀上都變得十分不容易。

簡單整理如下：

- 在 DataFrame 裡預設的取值都是以欄為單位（欄索引鍵），即使你給的是數字也會被當成欄位。
- 我們可以想想為什麼？當我們想問資料平均值的時候，你通常會想問的是欄位的平均值，還是每一筆資料的平均值？從大數據分析的角度來看，我們可能更在意的是不同欄位的平均值，而不是任何一個人的平均值。從這個思維來想，這就是或許 DataFrame 會將欄位當作基本索引單位的原因。
- 但如果給的是範圍，又會變成列的取值。
- 那為什麼給定的是範圍的時候，又變成以列為單位的取值方式呢？同樣的道理，大家會認為，如果你取用的是某個範圍時，可能要的是某些範圍的資料（譬如前 5 筆資料，而非前 5 欄），而不是某些欄位的資料。這種思維並沒有對錯，純粹是哪一種比較常用而選為基準。

欄索引鍵取值

這裡先回顧之前的 df。

程式碼

```
df
```

執行結果

	Math	English	History	Chinese
Simon	90	60	33	55.0
Allen	50	70	75	NaN
Jimmy	70	90	88	NaN
Peter	80	50	60	88.0

範例 40 取英文成績

程式碼

```
df['English']
```

▎執行結果

```
Simon      60
Allen      70
Jimmy      90
Peter      50
Name: English, dtype: int64
```

　　pandas 會預設欄為索引單位，因此 df['English'] 時，它會去檢查**欄索引鍵**裡是否有 'English'，有則回傳出來，回傳的是 Series。

範例 41　用 **type( )** 來檢查，單欄的回傳值為 **Series**

▎程式碼

```
type(df['English'])
```

▎執行結果

```
pandas.core.series.Series
```

範例 42　用 **.** 來取值

▎程式碼

```
df.English
```

▎執行結果

```
Simon      60
Allen      70
Jimmy      90
Peter      50
Name: English, dtype: int64
```

　　偶爾你也會看到有人像範例 42 這樣用 dt.English 來取值，但這方法只要變數名稱有空格時就不能使用了，因此個人建議用中括號。

範例 43 ▎取英文和數學成績

▎程式碼

```
df[['English','Math']]
```

▎執行結果

	English	Math
Simon	60	90
Allen	70	50
Jimmy	90	70
Peter	50	80

　　如果要取得兩個以上的欄位值，就要**用串列將欄位名稱包覆**，如範例 43 的 ['English','Math']，再傳給 DataFrame。df[['English','Math']] 因為是多欄位的結果，因此回傳值為二維的 DataFrame。

範例 44 ▎改變欄位順序，取數學和英文成績

▎程式碼

```
df[['Math','English']]
```

▎執行結果

	Math	English
Simon	90	60
Allen	50	70
Jimmy	70	90
Peter	80	50

　　請注意，DataFrame 輸出結果的欄位順序，跟你給的串列內容順序有關。

　　因為 DataFrame 會依你給的串列順序輸出資料，因此這個方法也常被用來改變欄位順序。

範例 45 ▎讓 Series 的輸出變成 DataFrame

▎程式碼

```
df[['English']]
```

▌ 執行結果

	English
Simon	60
Allen	70
Jimmy	90
Peter	50

df['English'] 回傳是 Series，如果要變成 DataFrame，就用 df[['English']]。當 DataFrame 看見**索引鍵是串列**時，它就會預設資料是二維。你從輸出的外觀就可知道是 Series 還是 DataFrame，因為 DataFrame 較美觀。

除非你有特殊理由，譬如美觀。不然如果只有一個欄位的取值，我們就直接給欄位名稱就好，就不再用串列來包覆索引鍵取值。

列索引鍵取值

因為 DataFrame 的內定是用欄索引鍵取值，因此如果要用**列索引鍵就要加 loc[] 或 iloc[]** 來加以區別。筆者建議在不熟悉前，一律用 loc[] 或 iloc[] 的方式來取**列的資料**。loc 是 location 的縮寫，iloc 是 index location 的縮寫。

- .loc[index label, column label]，就像是字典用的是索引鍵。
- .iloc[index position, column position]，就像是串列用的是位置。
- .ix：因為未來不支援，故不建議繼續使用。

範例 46 取 **Simon** 列索引鍵的成績

▌ 程式碼

```
df.loc['Simon']
```

▌ 執行結果

```
Math         90.0
English      60.0
History      33.0
Chinese      55.0
Name: Simon, dtype: float64
```

你可能會直覺的寫 df['Simon']，但請記得，對 pandas 而言，這是取欄資料的方式；為區別起見，你要寫 df.loc['Simon']。回傳值因為是一維，因此是 Series。

範例 47　取 Jimmy 和 Simon 的成績（與用欄索引鍵取值相似，只是要多加 .loc）

程式碼

```
df.loc[['Jimmy','Simon']]
```

執行結果

	Math	English	History	Chinese
Jimmy	70	90	88	NaN
Simon	90	60	33	55.0

因為我們要取的是某兩筆資料，請記得這是水平橫向的資料，因此要加 .loc。橫向就加 loc 或 iloc。

如果是取橫向的資料，而且是用資料的位置來取值，我們就用 iloc。

範例 48　用 iloc[ ] 取值（它是用資料的位置來取值，例如：Jimmy 是 2，Simon 是 0。雖然方便，但不容易解讀）

程式碼

```
df.iloc[[2,0]]
```

執行結果

	Math	English	History	Chinese
Jimmy	70	90	88	NaN
Simon	90	60	33	55.0

這種方式適合用來指定某幾筆（列）資料的取值。

範例 49　取倒數 2 筆資料

程式碼

```
df.iloc[-2:]
```

執行結果

	Math	English	History	Chinese
Jimmy	70	90	88	NaN
Peter	80	50	60	88.0

這種方式適合用來指定範圍取值。

列和欄索引鍵共同取值

當我們要取的資料同時包含列索引鍵和欄索引鍵時，就可用以下的方法。

方法一：分兩階段處理（不推薦）。

方法二：用 loc 或 iloc 一次處理。

範例 50　取 **Jimmy** 和 **Simon** 的英文和歷史成績

▍ **程式碼**

```
df.loc[['Jimmy','Simon']][['English','History']]
```

▍ **執行結果**

	English	History
Jimmy	90	88
Simon	60	33

這是方法一，先取名字之後得到 DataFrame，再取用欄索引鍵進一步取成績。這是分兩階段的處理方式。這個方法除了處理上比較沒效率之外，也容易造成資料上的錯誤。

範例 51　同範例 **50**，也可用 **loc[列索引鍵 , 欄索引鍵]** 一次處理

▍ **程式碼**

```
df.loc[['Jimmy','Simon'],['English','History']]
```

▍ **執行結果**

	English	History
Jimmy	90	88
Simon	60	33

範例 51 的方式就是同時用列和欄索引鍵將值取出，而非分成兩個步驟。除此之外，範例 50 還有更嚴重的問題，我們在下個範例來做說明。

範例 52　將 Jimmy 和 Simon 的英文和歷史成績都設為 90 分，你會發現結果並沒有改變

▌程式碼

```
df.loc[['Jimmy','Simon']][['English','History']] = 90
df
```

▌執行結果

	Math	English	History	Chinese
Simon	90	60	33	55.0
Allen	50	70	75	NaN
Jimmy	70	90	88	NaN
Peter	80	50	60	88.0

這是初學者最容易犯的錯誤，也是最找不到問題的錯誤。為什麼結果會沒有改變呢？原因就在於電腦是經過兩個步驟的處理，有可能在多個步驟的時候就將資料複製了一份，以致於修改資料時並沒有辦法更正到原始的資料。

用一次取值的方式就能夠順利將資料取代，如範例 53。

範例 53　承上例，要用一次處理的做法才能將值置換

▌程式碼

```
df.loc[['Jimmy','Simon'],['English','History']] = 90
df
```

▌執行結果

	Math	English	History	Chinese
Simon	90	90	90	55.0
Allen	50	70	75	NaN
Jimmy	70	90	90	NaN
Peter	80	50	60	88.0

讀者可以自行試試看，如果我們要取從 Simon 到 Jimmy 的資料，要怎麼做？以下是正規的做法。

範例 54 取從 Simon 到 Jimmy 的資料（一）

▌ **程式碼**

```
df.loc['Simon':'Jimmy']
```

▌ **執行結果**

	Math	English	History	Chinese
Simon	90	90	90	55.0
Allen	50	70	75	NaN
Jimmy	70	90	90	NaN

範例 55 是縮寫偷懶的做法，個人並不建議這樣使用。不過偶爾你會看到別人這樣寫，你就知道他取的是資料的範圍。

範例 55 取從 Simon 到 Jimmy 的資料（二）

▌ **程式碼**

```
df['Simon':'Jimmy']
```

▌ **執行結果**

	Math	English	History	Chinese
Simon	90	90	90	55.0
Allen	50	70	75	NaN
Jimmy	70	90	90	NaN

很多人不知道，如果你給的是範圍時，pandas 會將其判定成列索引鍵的範圍而非欄索引鍵。因此，如果你輸入的是 df['English':'Chinese'] 反而會出現錯誤訊息，讀者可自行測試！

如果要的是欄索引鍵的範圍時，要用 loc[]。但記得，loc 是先列再欄，因此要寫成 loc[:, 範圍]。':' 就表示所有的列資料。這個技巧很重要，值得讀者學起來，實作參考範例 56。

範例 56 取出每個人的英文到中文的成績

▌ 程式碼

```
df.loc[:,'English':'Chinese']
```

▌ 執行結果

	English	History	Chinese
Simon	90	90	55.0
Allen	70	75	NaN
Jimmy	90	90	NaN
Peter	50	60	88.0

小細節提醒

如果我們要取從 Simon 到 Jimmy，科目從 English 到 Chinese 的資料，常有人會將範圍用 list 包覆（如下），這是錯的。

```
df.loc[['Simon':'Jimmy'],['English':'Chinese']]
```

正確的做法，要拿掉中括號，如範例 57。

範例 57 取從 Simon 到 Jimmy，科目從 English 到 Chinese 的資料

▌ 程式碼

```
df.loc['Simon':'Jimmy','English':'Chinese']
```

▌ 執行結果

	English	History	Chinese
Simon	90	90	55.0
Allen	70	75	NaN
Jimmy	90	90	NaN

9-6 增加一欄或一列

當我們已經有設定好的 DataFrame，如果想要再增加一欄或一列該怎麼做？先複習一下 df 的樣子：

| 程式碼

```
df
```

| 執行結果

	Math	English	History	Chinese
Simon	90	90	90	55.0
Allen	50	70	75	NaN
Jimmy	70	90	90	NaN
Peter	80	50	60	88.0

新增一欄

增加一欄的方式與字典相同，如果在欄索引鍵找不到，就會增加一個新欄位。

範例 58 增加一個欄位的方式

| 程式碼

```
df['Test'] = 30
df
```

| 執行結果

	Math	English	History	Chinese	Test
Simon	90	90	90	55.0	30
Allen	50	70	75	NaN	30
Jimmy	70	90	90	NaN	30
Peter	80	50	60	88.0	30

新增一列

用 loc[新標籤] = 值。如果在列索引鍵找不到，就會增加一列新列。

範例 59 增加一新列

▌ 程式碼

```
df.loc['Alisa'] = [73,88,65,28,50]
df
```

▌ 執行結果

	Math	English	History	Chinese	Test
Simon	90	90	90	55.0	30
Allen	50	70	75	NaN	30
Jimmy	70	90	90	NaN	30
Peter	80	50	60	88.0	30
Alisa	73	88	65	28.0	50

9-7　介紹 axis 的觀念

由於 DataFrame 是二維的資料，因此在很多資料處理上必須載明是往欄的方向或往列的方向來進行。在 DataFrame 就用 axis = 0 或 1 來表示。

- axis = 0 表示資料處理**沿著列索引鍵**的方向是一欄一欄處理，也就是**往下**。也可寫成 axis='index'。

- axis = 1 表示資料處理**沿著欄索引鍵**的方向是一列一列處理，也就是**往右**，也可寫成 axis='columns'。

假設我們要計算的是每個人的平均數，我們用 mean() 函數。因為是沿著欄索引鍵的方向的橫向平均數，我們用 axis = 1。在進行接下來的範例之前，先復原 df。

▌ 程式碼

```
df = df_orig.copy()
df
```

▌ 執行結果

	Math	English	History
Simon	90	60	33
Allen	50	70	75
Jimmy	70	90	88
Peter	80	50	60

範例 60　計算每個人的平均分數

▌ 程式碼

```
df['個人平均'] = df.mean(axis=1)
df
```

▌ 執行結果

	Math	English	History	個人平均
Simon	90	60	33	61.000000
Allen	50	70	75	65.000000
Jimmy	70	90	88	82.666667
Peter	80	50	60	63.333333

因為平均值的計算是以橫向，即一列一列來運算，因此在 mean 裡要加參數 axis = 1。

範例 61　計算各科的平均數

▌ 程式碼

```
df.loc['各科平均'] = df.mean(axis=0)
df
```

▌執行結果

	Math	English	History	個人平均
Simon	90.0	60.0	33.0	61.000000
Allen	50.0	70.0	75.0	65.000000
Jimmy	70.0	90.0	88.0	82.666667
Peter	80.0	50.0	60.0	63.333333
各科平均	72.5	67.5	64.0	68.000000

一樣用 mean()，但 axis 要設為 0；由於 axis 的內定值就是 0，因此也可省略。

9-8　如何篩選資料

在 9-5 節我們曾說明如何利用索引鍵來取值。但有沒有一種可能性是我們要根據資料的特性來取值呢？以下就來介紹。

當我們有一大堆資料時，往往會做資料的篩選。譬如：我們只取男生的樣本來分析。DataFrame 提供一個非常好用的功能，能根據布林值（boolean）來提取我們想要的列。先復原 df：

▌程式碼

```
df = df_orig.copy()
df
```

▌執行結果

	Math	English	History
Simon	90	60	33
Allen	50	70	75
Jimmy	70	90	88
Peter	80	50	60

範例 62 請取前兩列資料

▌ 程式碼

```
bool_v = [True,True,False,False]
df[bool_v]
```

▌ 執行結果

	Math	English	History
Simon	90	60	33
Allen	50	70	75

在範例 62 中，先建立一布林值的串列，因為要前兩列，就將前兩列設為 True 其餘為 False，DataFrame 會根據布林值來輸出是 True 的列，也就是前兩列。換言之，如果我們提供的是布林值的串列，DataFrame 就會知道接下來要做的並非是用欄位來取值，而是要做列資料的過濾。

讀者可以自行實驗一下，如果我們要取出的是 Allen 和 Peter，用布林值過濾要怎麼做？當然這個問題可以有更簡單的做法，因為我們要取得資料可以用索引鍵來取得。

範例 63 取出 Allen 和 Peter 的資料

▌ 程式碼

```
bool_v = [False,True,False,True]
df[bool_v]
```

▌ 執行結果

	Math	English	History
Allen	50	70	75
Peter	80	50	60

如果用布林值來做是 [False,True,False,True]；當然也可以用 df.loc[['Allen','Peter']]。

接下來的範例我們就會展示布林值過濾的正確使用方式。通常我們會透過「邏輯比較的方式」產生具有布林值的串列或者是 Series，再將這個布林值傳給 DataFrame 來產生過濾效果。

範例 64　取出數學及格的同學（提示，即 Math>=60）步驟一

程式碼

```
bool_v = df['Math'] >= 60
bool_v
```

執行結果

```
Simon     True
Allen     False
Jimmy     True
Peter     True
Name: Math, dtype: bool
```

因此這種方式真正強大是搭配邏輯判斷來產生布林值 Series。第一步，df ['Math']>60 的布林值 Series 結果是 [True,False,True,True]，False 表示 Allen 數學不及格。

接下來再將布林值 Series 送給 DataFrame 來取值，就可取出數學及格的同學，請繼續步驟二。

範例 65　取出數學及格的同學步驟二

程式碼

```
df[bool_v]
```

執行結果

	Math	English	History
Simon	90	60	33
Jimmy	70	90	88
Peter	80	50	60

透過這個方法，我們就可以過濾出具有某些特性的資料。做法也很簡單，就是要創造出一個有布林值的串列或 Series 就好。

範例 66 承上例，用一行指令完成取出數學及格的同學

▌程式碼

```
df[df['Math'] >= 60]
```

▌執行結果

	Math	English	History
Simon	90	60	33
Jimmy	70	90	88
Peter	80	50	60

第一次看到這段程式碼你會覺得陌生，下次看的時候請記得先看到，裡面是邏輯判斷就是布林值的結果，你就知道這個程式片段在做資料的過濾。

範例 67 取出數學不及格的同學

▌程式碼

```
df[df['Math'] < 60]
```

▌執行結果

	Math	English	History
Allen	50	70	75

請讀者自己做個練習。

當布林條件是兩個時，要用 & 和 | 來連接，而不是 and 和 or。除此之外，記得在判斷式要加小括號表示要先評估個別的判斷式，再做連結的整體判斷，我們用以下範例實作練習。

範例 68　取出數學 **>=60** 且英文 **>85** 的資料

▌**程式碼**

```
df[(df['Math']>=60) & (df['English']>85)]
```

▌**執行結果**

	Math	English	History
Jimmy	70	90	88

　　在 DataFrame 有一個 query 方法能得到相同的過濾效果。老實講，我個人比較偏愛這種方式，因為這會讓程式看起來更加清楚。但這個方法使用上會比較複雜，譬如說，如果我們要取的是「男」，這裡面的男就必須用雙引號，query( ) 實作如範例 69。

範例 69　取出數學 **>=60** 且英文 **>85** 的資料，但用 **query()** 方法的寫法

▌**程式碼**

```
df.query('Math>=60 & English>85')
```

▌**執行結果**

	Math	English	History
Jimmy	70	90	88

範例 70　取出數學低於 **60** 或英文高於 **85** 的資料，方法一

▌**程式碼**

```
df[(df['Math']<60) | (df['English']>85)]
```

▌**執行結果**

	Math	English	History
Allen	50	70	75
Jimmy	70	90	88

　　Allen 入選是因為數學低於 60 分；Jimmy 則是英文高於 85 分。

範例 71 取出數學低於 **60** 或英文高於 **85** 的資料，方法二

▌ **程式碼**

```
df.query('Math < 60 | English > 85')
```

▌ **執行結果**

	Math	English	History
Allen	50	70	75
Jimmy	70	90	88

相較於範例 70，範例 71 是不是比較清楚呢？

9-9 將不同的 DataFrame 合併

有時候會有不同的 DataFrame 需要進行整合，pandas 提供了許多方法來執行。

首先，因為 DataFrame 的索引有兩個維度，因此合併時使用者要指定是往縱向合併（列索引鍵，axis = 0），還是往橫向合併（欄索引鍵，axis = 1）。

- 常用的指令有 concat、merge。更詳細使用 concat、merge 的說明，可參考第 13 章「系所生源分析」。

先復原 df：

▌ **程式碼**

```
df = df_orig.copy()
df
```

▌ **執行結果**

	Math	English	History
Simon	90	60	33
Allen	50	70	75
Jimmy	70	90	88
Peter	80	50	60

資料橫向合併

假設有另一個 DataFrame，其中有每個人 Art 和 Music 的成績，我們想將這些資料合併到原本的 df。請注意：這裡筆者故意把 Allen 和 Simon 的順序調換，讓各位可以看見 DataFrame 會依照列索引鍵進行資料對齊。先檢視 df2。

▌程式碼

```
scores2 = {'Art':[100,90,70,80],
           'Music':[60,70,70,50]}
df2 = pd.DataFrame(scores2, index=['Allen','Simon', 'Jimmy', 'Peter'])
df2
```

▌執行結果

	Art	Music
Allen	100	60
Simon	90	70
Jimmy	70	70
Peter	80	50

簡單的水平合併就用 pd.concat() 來執行，第一個參數是要整併的 DataFrame 串列，第二個參數是合併的方向，在範例 72 中為 axis = 1。你會發現在水平合併時，會依照相同的列索引鍵來合併。

範例 72　資料橫向合併

▌程式碼

```
pd.concat([df,df2], axis=1)
```

▌執行結果

	Math	English	History	Art	Music
Simon	90	60	33	90	70
Allen	50	70	75	100	60
Jimmy	70	90	88	70	70
Peter	80	50	60	80	50

讀者也可以自己試一下如何用增加欄位的方法來解決這個問題。

資料縱向合併

接續前例，若要將資料做縱向合併，

方法一：先創造另一個 DataFrame，n_df，裡面有兩個人的成績，要跟原本的 df 結合；因為是縱向的合併，因此 axis=0。

方法二：也可以用 append() 做縱向合併。

範例 73 資料縱向合併，方法一，步驟一：創建 DataFrame（n_df）

▌ **程式碼**

```
n_df = pd.DataFrame([[77,22,88],[63,22,22]],
                    columns = df.columns, index = ['JJ','Alin'])
n_df
```

▌ **執行結果**

	Math	English	History
JJ	77	22	88
Alin	63	22	22

範例 74 資料縱向合併，方法一，步驟二：資料合併

▌ **程式碼**

```
pd.concat([df,n_df], axis=0)
```

▌ **執行結果**

	Math	English	History
Simon	00	60	33
Allen	50	70	75
Jimmy	70	90	88
Peter	80	50	60
JJ	77	22	88
Alin	63	22	22

範例 75　資料縱向合併，方法二——用 append() 做縱向合併

▌**程式碼**

```
df.append(n_df)
```

▌**執行結果**

	Math	English	History
Simon	90	60	33
Allen	50	70	75
Jimmy	70	90	88
Peter	80	50	60
JJ	77	22	88
Alin	63	22	22

用 merge() 合併 DataFrame

pd.concat 適用於簡單的 DataFrame 合併；含索引鍵查值的合併方式就選用 merge( ) 或 join( )。

在接下來的範例中，首先在原本的 df 增加性別欄位，再假設我們有另一 DataFrame 包含男女時薪。男生時薪 100，女生 200。

merge 的功能就像是幫你查對照表一樣，它會用你指定的欄位去做查詢。

範例 76　原 DataFrame 增加性別欄位

▌**程式碼**

```
df['性別'] = ['男','女','男','男']
df
```

▌**執行結果**

	Math	English	History	性別
Simon	90	60	33	男
Allen	50	70	75	女
Jimmy	70	90	88	男
Peter	80	50	60	男

範例 77 製作包含男女時薪的 DataFrame（男生時薪 **100**，女生 **200**）

▌ **程式碼**

```
n_df = pd.DataFrame([['男',100],['女',200]], columns=['性別','時薪'])
n_df
```

▌ **執行結果**

	性別	時薪
0	男	100
1	女	200

範例 78 用 **merge()** 合併 **DataFrame**

▌ **程式碼**

```
df.merge(n_df,on='性別')
```

▌ **執行結果**

	Math	English	History	性別	時薪
0	90	60	33	男	100
1	70	90	88	男	100
2	80	50	60	男	100
3	50	70	75	女	200

參數 on 為「合併索引鍵」的值，在本例是以性別做為兩個 DataFrame 的合併索引鍵，並將查詢到的時薪放在最後。如此，我們就可以在同一表中看見每一個人的時薪。熟悉 Excel 函數的同學，這就像是 vlookup 的功能。

9-10　DataFrame 裡的常用函數

介紹完 DataFrame 重要觀念之後，接下來的小節我整理個人認為最常用的函數。

head()

最常用第一名應該是 head()。

範例 79 印出前五筆資料

▌**程式碼**

```
df = df_orig.copy()
df.head()
```

▌**執行結果**

	Math	English	History
Simon	90	60	33
Allen	50	70	75
Jimmy	70	90	88
Peter	80	50	60

head( ) 的預設值為五筆資料。

範例 80 列印前三筆資料（一）

▌**程式碼**

```
df.head(3)
```

▌**執行結果**

	Math	English	History
Simon	90	60	33
Allen	50	70	75
Jimmy	70	90	88

範例 81 列印前三筆資料（二）──使用 **iloc[ ]**

▌ 程式碼

```
df.iloc[0:3]
```

▌ 執行結果

	Math	English	History
Simon	90	60	33
Allen	50	70	75
Jimmy	70	90	88

tail()

有 head 就有 tail()。

範例 82 印出最後三筆資料（一）

▌ 程式碼

```
df.tail(3)
```

▌ 執行結果

	Math	English	History
Allen	50	70	75
Jimmy	70	90	88
Peter	80	50	60

範例 83　印出最後三筆資料（二）──使用 iloc[ ]

程式碼

```
df.iloc[-3:]
```

執行結果

	Math	English	History
Allen	50	70	75
Jimmy	70	90	88
Peter	80	50	60

sample(n)

範例 84　隨機取兩筆資料來檢視

程式碼

```
df.sample(2)
```

執行結果

	Math	English	History
Simon	90	60	33
Jimmy	70	90	88

describe()

範例 85　資料的基本資料，包括資料次數、平均值、標準差、最大最小值、還有不同百分位數

程式碼

```
df.describe()
```

┃ 執行結果

	Math	English	History
count	4.000000	4.000000	4.000000
mean	72.500000	67.500000	64.000000
std	17.078251	17.078251	23.622024
min	50.000000	50.000000	33.000000
25%	65.000000	57.500000	53.250000
50%	75.000000	65.000000	67.500000
75%	82.500000	75.000000	78.250000
max	90.000000	90.000000	88.000000

除了一次可以取得所有統計資料的方式之外，我們也可以用個別的函數來取得平均值、最大值和最小值。

mean()

範例 86　平均值

┃ 程式碼

```
df.mean()
```

┃ 執行結果

```
Math       72.5
English    67.5
History    64.0
dtype: float64
```

sum()

範例 87   總和

程式碼

```
df.sum()
```

執行結果

```
Math        290
English     270
History     256
dtype: int64
```

max()

範例 88   取出最大值

程式碼

```
df.max()
```

執行結果

```
Math        90
English     90
History     88
dtype: int64
```

min()

範例 89   取出最小值

程式碼

```
df.min()
```

執行結果

```
Math        50
English     50
History     33
dtype: int64
```

df.nlargest(n, columns)

範例 90 　誰的數學成績最高分

▌ 程式碼

```
df.nlargest(1,'Math')
```

▌ 執行結果

	Math	English	History
Simon	90	60	33

範例 91 　數學成績前兩位高分者

▌ 程式碼

```
df.nlargest(2,'Math')
```

▌ 執行結果

	Math	English	History
Simon	90	60	33
Peter	80	50	60

sort_values

　　sort_values 可以用某個欄位來做資料排序。在括號中，逗號的前面是要排序的欄位名稱，逗號的後面 ascending 英文是上升的意思，表示由小到大。在接下來的範例中，因為我們要由大到小排序，所以 ascending 要設 False。所以，也可以用 sort_values 取出前兩位高分者。

範例 92　用數學成績來做資料排序，由大到小

▊ 程式碼

```
df.sort_values('Math', ascending=False)
```

▊ 執行結果

	Math	English	History
Simon	90	60	33
Peter	80	50	60
Jimmy	70	90	88
Allen	50	70	75

雖然說取出前幾大值的方式是用 nlargest，但我個人反而更常用 sort_values，因為排序完之後，就會順便用 head() 將要的值取出。

範例 93　用 **sort_values()** 取出數學分數最高的前兩位

▊ 程式碼

```
df.sort_values('Math', ascending=False).head(2)
```

▊ 執行結果

	Math	English	History
Simon	90	60	33
Peter	80	50	60

範例 94　取出數學成績最低分的兩位

▊ 程式碼

```
df.nsmallest(2,'Math')
```

▊ 執行結果

	Math	English	History
Allen	50	70	75
Jimmy	70	90	88

範例 95　依各科分數來個別排名

▌ 程式碼

```
df.rank(ascending=False)
```

▌ 執行結果

	Math	English	History
Simon	1.0	3.0	4.0
Allen	4.0	2.0	2.0
Jimmy	3.0	1.0	1.0
Peter	2.0	4.0	3.0

範例 96　算出每位同學的平均分數，再用平均分數排名

▌ 程式碼

```
df['平均'] = df.mean(axis=1).round(2)  # 小數點 2 位
df['名次'] = df['平均'].rank(ascending=False)
df
```

▌ 執行結果

	Math	English	History	平均	名次
Simon	90	60	33	61.00	4.0
Allen	50	70	75	65.00	2.0
Jimmy	70	90	88	82.67	1.0
Peter	80	50	60	63.33	3.0

如果資料是類別型的資料型態。如：男女、教育程度，DataFrame 也有好用的指令。我們先增加性別的欄位。

範例 97

▌ 程式碼

```
df['性別'] = ['男','女','男','男']
df
```

▌ 執行結果

	Math	English	History	平均	名次	性別
Simon	90	60	33	61.00	4.0	男
Allen	50	70	75	65.00	2.0	女
Jimmy	70	90	88	82.67	1.0	男
Peter	80	50	60	63.33	3.0	男

範例 98 　性別有幾個不同的類別

▌ 程式碼

```
df['性別'].nunique()
```

▌ 執行結果

2

其實這是 Series 的方法，可以回顧第 8 章的內容。本例是將原本二維的 DataFrame 降至一維的 Series 才開始做分析。

範例 99 　性別有哪些不同的值？

▌ 程式碼

```
df['性別'].unique()
```

▌ 執行結果

```
array(['男', '女'], dtype=object)
```

範例 100 性別的類別各出現幾次？

▌ 程式碼

```
df[' 性別 '].value_counts()
```

▌ 執行結果

```
男    3
女    1
Name: 性別 , dtype: int64
```

9-11 日期的資料型態

　　當資料是日期的資料型態時，pandas 提供許多方便的功能，讓我們可以快速整理時間相關的資料。先復原 df：

▌ 程式碼

```
df = df_orig.copy()
df
```

▌ 執行結果

	Math	English	History
Simon	90	60	33
Allen	50	70	75
Jimmy	70	90	88
Peter	80	50	60

先透過 pd.to_datetime() 將字串轉成日期的資料型態，產生日期資料型態的資料。

範例 101　產生日期資料

▌程式碼

```
df['日期'] = pd.to_datetime(['2016-01-01','2017-05-03',
'2017-05-13','2018-01-05'])
df
```

▌執行結果

	Math	English	History	日期
Simon	90	60	33	2016-01-01
Allen	50	70	75	2017-05-03
Jimmy	70	90	88	2017-05-13
Peter	80	50	60	2018-01-05

範例 102　將每個日期都加兩天

▌程式碼

```
df['日期'] + pd.Timedelta(2,'D')
```

▌執行結果

```
Simon     2016-01-03
Allen     2017-05-05
Jimmy     2017-05-15
Peter     2018-01-07
Name: 日期, dtype: datetime64[ns]
```

範例 103　取出日期裡的年份

▌程式碼

```
df['日期'].dt.year
```

▌執行結果

```
Simon     2016
Allen     2017
```

```
Jimmy      2017
Peter      2018
Name: 日期 , dtype: int64
```

　　當資料格式是日期的 Series 時，我們可以運用日期的方法來取得我們要的資訊，如星期幾。請記得在使用這些方法之前要加 dt，如果忘記加會不能執行喔！

範例 104　取出日期裡的月份

▌程式碼

```
df[' 日期 '].dt.month
```

▌執行結果

```
Simon      1
Allen      5
Jimmy      5
Peter      1
Name: 日期 , dtype: int64
```

範例 105　取出日期裡的日

▌程式碼

```
df[' 日期 '].dt.day
```

▌執行結果

```
Simon       1
Allen       3
Jimmy      13
Peter       5
Name: 日期 , dtype: int64
```

範例 106　取出日期裡的星期幾

▌程式碼

```
df[' 日期 '].dt.day_name()
```

▌執行結果

```
Simon         Friday
Allen      Wednesday
Jimmy       Saturday
Peter         Friday
Name: 日期 , dtype: object
```

範例 107　取出日期裡的第幾季

▌程式碼

```
df[' 日期 '].dt.quarter
```

▌執行結果

```
Simon       1
Allen       2
Jimmy       2
Peter       1
Name: 日期 , dtype: int64
```

範例 108　取 2017 年的資料（一）

▌程式碼

```
df[df[' 日期 '].dt.year==2017]
```

▌執行結果

	Math	English	History	日期
Allen	50	70	75	2017-05-03
Jimmy	70	90	88	2017-05-13

範例 109　取 5 月的資料

▌ 程式碼

```
df[df[' 日期 '].dt.month==5]
```

▌ 執行結果

	Math	English	History	日期
Allen	50	70	75	2017-05-03
Jimmy	70	90	88	2017-05-13

事實上有更簡便的方式，先將日期設為列索引鍵。

範例 110　將日期設為列索引鍵

▌ 程式碼

```
df.set_index(' 日期 ', inplace=True)
df
```

▌ 執行結果

	Math	English	History
日期			
2016-01-01	90	60	33
2017-05-03	50	70	75
2017-05-13	70	90	88
2018-01-05	80	50	60

範例 111 取 2017 年資料

▌程式碼

```
df.loc['2017']
```

▌執行結果

	Math	English	History
日期			
2017-05-03	50	70	75
2017-05-13	70	90	88

在範例 111 可以看見，如果日期在列索引鍵的時候，更可以幫助我們快速取出資料，而不需要用布林值過濾的方式。因此，如果你有時間序列的資料時，請記得將時間軸放在列索引鍵的位置。我們在第 15 章會進一步講解。

將時間軸放在列索引鍵，甚至可以很方便取到特殊年和月的資料（不只是年），只要我們將所要的年和月用字串格式，DataFrame 就會幫你完成取值動作，實作如範例 112。

範例 112 取 2017-05 的資料

▌程式碼

```
df.loc['2017-05']
```

▌執行結果

	Math	English	History
日期			
2017-05-03	50	70	75
2017-05-13	70	90	88

接下來看一下如何取出一月份的資料，教大家這個技巧：我們在範例 113 中先取出月份的值，再將執行結果與「1」來做比較，如範例 114。

如果時間軸放在列索引鍵的位置，使用日期方法或屬性就不用加前置符號 dt。

範例 113 取 1 月份的資料，第一步，取出月份的值

程式碼

```
df.index.month
```

執行結果

```
Int64Index([1, 5, 5, 1], dtype='int64', name=' 日期 ')
```

範例 114 取 1 月份的資料，第二步，再取出月份是 1 的資料

程式碼

```
df[df.index.month == 1]
```

執行結果

日期	Math	English	History
2016-01-01	90	60	33
2018-01-05	80	50	60

9-12 用 apply() 讓資料處理更簡單

　　如果是處理複雜的資料，讓你必須用到迴圈來處理每一筆資料，這時不妨想想，能不能用 apply() 這個方法來幫助你。如此一來，就不用寫一個複雜的 for 迴圈了。apply() 的想法很簡單，它的參數是函數，能將函數對 DataFrame 裡的欄或列資料進行處理後再回傳出來。我們看例子再講解會比較清楚。先講解 Series.apply()。先做一個 Series。

範例 115 製作一個 Series

▊ 程式碼

```
s = pd.Series([1,2,3,4,5])
s
```

▊ 執行結果

```
0    1
1    2
2    3
3    4
4    5
dtype: int64
```

範例 116 承上例，將 s 裡面每個值加 2

▊ 程式碼

```
s+2
```

▊ 執行結果

```
0    3
1    4
2    5
3    6
4    7
dtype: int64
```

這很簡單，對不對？

如果再加一些難度，s 裡若是奇數值就加 1，偶數就減 1，這時如果沒有 apply()，就必須用迴圈來處理。apply() 能將函數放入 Series 裡來針對裡面的每個元素運作。這裡的函數因為比較簡單，我們用 lambda 來寫。lambda 是一行函數的用法，詳見函數一章。lambda 函數要做的就是奇數值加 1，偶數減 1。

範例 117 s 裡若是奇數值就加 1，偶數就減 1

▌程式碼

```
s.apply(lambda x: x+1 if (x%2)==1 else x-1)
```

▌執行結果

```
0    2
1    1
2    4
3    3
4    6
dtype: int64
```

如果你不熟悉 lambda 函數，也可以用一般函數的寫法。

範例 118 同上，用額外的函數處理

▌程式碼

```
def data_process(x):
    if (x%2) == 1:
        return x+1
    else:
        return x-1
s.apply(data_process)
```

▌執行結果

```
0    2
1    1
2    4
3    3
4    6
dtype: int64
```

你會發現用 lambda 來寫比較簡單，也符合一行 Python 的精神！

範例 119　奇數值回傳 True，偶數加 False

▌ 程式碼

```
s.apply(lambda x: True if (x%2)==1 else False)
```

▌ 執行結果

```
0      True
1      False
2      True
3      False
4      True
dtype: bool
```

到這個範例我們就了解，如果 apply() 運用在 Series 的時候，它的運作對象就是裡面的每一個元素（cell），從一維降至 0 維。

範例 120　將奇數值取出

▌ 程式碼

```
s[s.apply(lambda x: True if (x%2)==1 else False)]
```

▌ 執行結果

```
0      1
2      3
4      5
dtype: int64
```

範例 121　將奇數值取出的另一種寫法

▌ 程式碼

```
s[(s % 2) == 1]
```

▌ 執行結果

```
0      1
2      3
4      5
dtype: int64
```

在 DataFrame 裡使用 apply()

在 DataFrame 裡使用 apply() 比在 Series 裡要複雜些，如果是沿列索引鍵的方向來處理，要設 axis=0；如果是沿欄索引鍵的方向來處理，要設 axis=1。如果要針對裡面的每個元素來處理用 applymap()。假設 df

程式碼

```
scores = {'Math':[900,50,730,80],
          'History':[33,75,np.NaN,np.NaN]}
df = pd.DataFrame(scores, index = ['Simon','Allen','Jimmy','Peter'])
df
```

執行結果

	Math	History
Simon	900	33.0
Allen	50	75.0
Jimmy	730	NaN
Peter	80	NaN

預設的 axis=0 可不用寫，axis=0 就代表函數運算的方式以列索引鍵方向來進行，也就是 DataFrame 會將一欄一欄的資料依序送給 apply 裡的 max 函數來處理。

範例 122 算出每一行的最大值

程式碼

```
df.apply(max)
# 當然 df.max() 較簡單
```

執行結果

```
Math       900.0
History     75.0
dtype: float64
```

範例 123 算出每一列的最大值

程式碼

```
df.apply(max, axis=1)
# 當然 df.max(axis=1) 較簡單
```

執行結果

```
Simon      900.0
Allen       75.0
Jimmy      730.0
Peter       80.0
dtype: float64
```

因為我們要 max 函數沿著欄索引鍵方向來運算，因此 axis=1。也就是 DataFrame 會把一列一列的資料逐個送給 apply 裡的 max 運算。我們做一下整理：沿著列索引鍵方向是 axis=0，是以欄為單位給 apply。沿著欄索引鍵方向是 axis=1，是以列為單位給 apply。想通了嗎？

從這兩個範例我們就知道，在 DataFrame 裡面如果用 apply，就會將二維的 table 降至一維的 Series 來做處理。對於一些比較複雜的處理，我們往往就會運用到 apply 這個方法。

用 applymap() 檢查資料

如果要直接處理 DataFrame 裡面的儲存格，我們就用 applymap()。這樣了解他們的差異了嗎？

接下來的資料裡，Math 裡有一個 50 是字串，而非整數。我們用 applymap() 來檢查。它將函數帶入每個 cell。先載入 df：

程式碼

```
scores = {'Math':[900,'50',730,80],
          'History':[33,75,77,880]}
df = pd.DataFrame(scores, index = ['Simon','Allen','Jimmy','Peter'])
df
```

▌執行結果

	Math	History
Simon	900	33
Allen	50	75
Jimmy	730	77
Peter	80	880

範例 124　用 **applymap()** 檢查資料

▌程式碼

```
df.applymap(lambda x: type(x) == str)
```

▌執行結果

	Math	History
Simon	False	False
Allen	True	False
Jimmy	False	False
Peter	False	False

範例 125　只印出字串的那個資料

▌程式碼

```
df[df.applymap(lambda x: type(x) == str)]
```

▌執行結果

	Math	History
Simon	NaN	NaN
Allen	50	NaN
Jimmy	NaN	NaN
Peter	NaN	NaN

範例 126　將資料均轉換成整數的資料型態

▌ 程式碼

```
df = df.applymap(int)
df
```

▌ 執行結果

	Math	History
Simon	900	33
Allen	50	75
Jimmy	730	77
Peter	80	880

我們將每個資料都轉換成 int；當然包含字串那一筆。接下來要檢查格式是否都正確了？我們也可以用一行程式幫忙。

範例 127　檢查格式是否都正確

▌ 程式碼

```
df.applymap(lambda x: type(x)==int)
```

▌ 執行結果

	Math	History
Simon	True	True
Allen	True	True
Jimmy	True	True
Peter	True	True

範例 128　檢查格式，用 **dtypes** 來檢查

▌ 程式碼

```
df.dtypes
```

▌ 執行結果

```
Math          int64
History       int64
dtype: object
```

範例 129 找出成績高過 100 分的資料

▌ 程式碼

```
df[df>100]
```

▌ 執行結果

	Math	History
Simon	900.0	NaN
Allen	NaN	NaN
Jimmy	730.0	NaN
Peter	NaN	880.0

範例 130 找出成績高過 100 分的資料，並將其值除 10

▌ 程式碼

```
df[df>100] = df/10
df
```

▌ 執行結果

	Math	History
Simon	90	33
Allen	50	75
Jimmy	73	77
Peter	80	88

這是一個小技巧，提供給大家參考。

9-13 章末習題

1. 假設有一筆資料

```
import numpy as np
import pandas as pd
scores = {'Math':[900,50,70,80],
          'English':[60,30,90,50],
          'History':[33,75,np.NaN,np.NaN]}
df = pd.DataFrame(scores, index = ['Simon','Allen','Jimmy','Peter'])
```

(1) 請將 Math 分數大於 100 分的學生資料取出。

(2) 請將 Simon 的 Math 改成 90 分。

(3) 請用 isnull().sum() 來計算各欄位遺漏值的筆數。

(4) 請將 History 的遺漏值用平均值取代,記得將 inplace 設為 True。

(5) 請算出每個人的分數平均值,並放在「平均」欄位裡。

(6) 請依平均值的高低給予名次,並放在「名次」欄位裡。

(7) 取出平均不及格的同學。

(8) 數學最高分的是誰?

第 10 章

pandas —— 繪圖

　　整個資料分析最精彩的結果不是文字表格，而是圖表；人類大腦對圖形的反應遠大於文字。因此，適當的使用圖表，對於整個資料的理解是有很大幫助的。

　　本書處理 Python 繪圖的方式跟一般書籍不同，筆者是建構在 pandas 之上來說明如何繪製圖表，因為這麼做是最符合直觀；而一般的書籍可能是建構在 Matplotlib。將圖表建構在 Matplotlib 的好處是，你可以學到所有控制的細節；但壞處是入門的學習成本較高。建構在 pandas 上，學習的難度會降低，樂趣會增加，因為資料就在 pandas 裡，使用上更容易也更直觀。但這也會帶來兩個新的問題：1. pandas 的繪圖仍是建構在 Matplotlib 上，在筆者的使用經驗上，仍會有些許的小問題；因此，我會教各位如何解決問題。2. 當你想要更細部控制繪製的圖表時，pandas 有時是無能為力的，這時就必須回到 Matplotlib 來解決。這些進階的設定留在其他章節中用到時再介紹。

　　本書有提供 Google colab 的檔案（網址 https://reurl.cc/XlOlrR 或掃描右方 QRcode），請讀者上網觀察圖片的顏色。

重點整理

- 在 Python 裡最基本的繪圖套件是 Matplotlib。
- pandas 的繪圖是建構在 Matplotlib 上。
- Matplotlib 的一些設定能在 pandas 上使用。
- 用 pandas 的繪圖比 Matplotlib 更容易和直觀使用，因此本書盡量以 pandas 的繪圖來介紹。
- pandas 的繪圖會帶來新問題：1. pandas 整合繪圖仍未完美，還有些小問題，2. 當要細部控制繪製的圖表時，仍要使用 Matplotlib。

▌ 程式碼

```
import numpy as np
import pandas as pd
import matplotlib.pyplot as plt
%matplotlib inline
# 加入 %matplotlib inline 才能在 JUPYTER NOTEBOOK 顯示
```

10-1　單一變數的繪圖

單一變數的繪圖（一維變數）又分為：

- 類別型資料：柱狀圖（又稱長條圖）、圓餅圖。
- 連續型資料：直方圖、箱型圖、折線圖。

首先，資料如下：

▍程式碼

```
scores = {'Math':[90,50,70,80],
          'English':[60,70,90,50],
          'History':[33,75,88,60],
          'Chinese':[22,58,66,37]}
df = pd.DataFrame(scores, index = ['Simon','Allen','Jimmy','Peter'])
df
```

▍執行結果

	Math	English	History	Chinese
Simon	90	60	33	22
Allen	50	70	75	58
Jimmy	70	90	88	66
Peter	80	50	60	37

範例 1　內定的 plot 是繪製折線圖

▍程式碼

```
df.plot()
```

▍執行結果

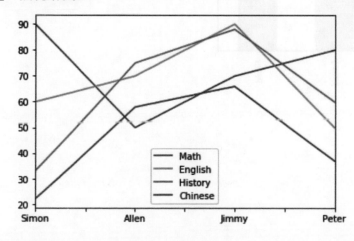

從範例 1 我們看到，如果要繪圖，只要在 DataFrame 後加 plot() 就可繪圖，是不是很簡單？但很顯然的，成績資料用折線圖來呈現並不適當。那折線圖通常在什麼情境下使用呢？通常是用在觀察資料的*趨勢*，譬如股價的漲跌*趨勢*。

柱狀圖

　　想要繪製柱狀圖（又稱 bar 圖或長條圖），需要在 plot 裡加一個參數 kind='bar'，在範例 2 中，柱狀圖的 x 軸是人名，y 軸是成績。那要怎麼記得誰在 x 軸，誰在 y 軸呢？在 DataFrame 裡的列索引會在 x 軸，欄索引鍵會在 y 軸。換言之，pandas 內建的想法是更關心每一個人的情況是如何，因此將列索引鍵放在 x 軸。

範例 2　繪製柱狀圖

▌程式碼

```
df.plot(kind='bar')
```

▌執行結果

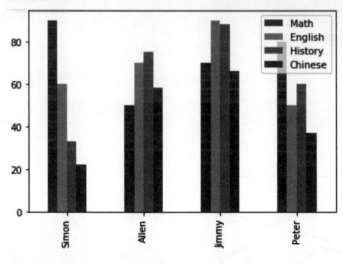

範例 3 將科目放置在 **x** 軸，**y** 軸是每個人的成績（提示：先將資料轉置（**.T**）再繪圖即可。轉置就是將欄索引鍵和列索引鍵對調）

▌ 程式碼

```
df.T.plot(kind='bar')
```

▌ 執行結果

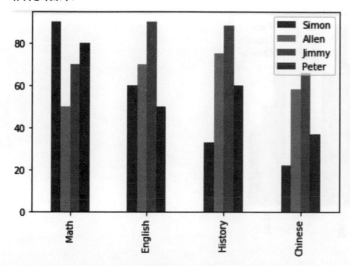

　　請注意，索引鍵是用來索引資料的工具，因此不管怎麼移動，它都不會更改原始的資料。轉置可以想像成是 x 和 y 軸互換，如範例 4。

範例 4 資料轉置

▌ 程式碼

```
df.T
```

▌ 執行結果

	Simon	Allen	Jimmy	Peter
Math	90	50	70	80
English	60	70	90	50
History	33	75	88	60
Chinese	22	58	66	37

範例 5 想要觀察這四人 'Math','English','Chinese' 三科的成績，先取出 'Math','English','Chinese' 成績再繪圖

▌程式碼

```
df[['Math','English','Chinese']].plot(kind='bar')
```

▌執行結果

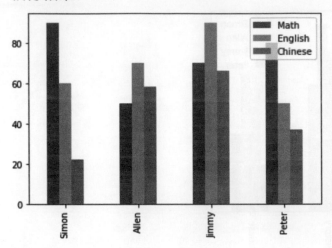

範例 6 將四科結果堆疊起來

▌程式碼

```
df.plot(kind='bar',stacked=True)
```

▌執行結果

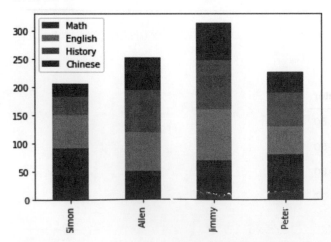

參數裡將 stacked=True。堆疊可看到總和的高低，在本例中，Jimmy 的總分最高。

範例 7 繪製單一數學科的成績（提示：先取出數學成績再繪圖）

▌ 程式碼

```
df['Math'].plot(kind='bar')
```

▌ 執行結果

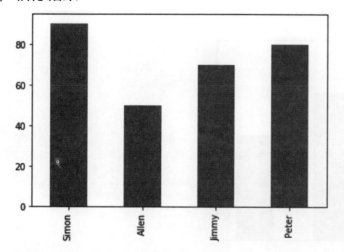

　　x 軸的英文字垂直看起來很不舒服吧，可以用「rot = 角度」來控制文字旋轉的角度。如範例 8。

範例 8 用 **rot** 的值來控制 **x** 軸的文字角度

▌ 程式碼

```
df['Math'].plot(kind='bar', rot = 45)
```

▌ 執行結果

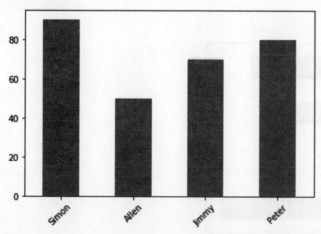

> **範例 9** 將範例 7 修改成依分數從高排到低

┃ 程式碼

```
df['Math'].sort_values(ascending=False).\
plot(kind='bar', rot = 45)
```

┃ 執行結果

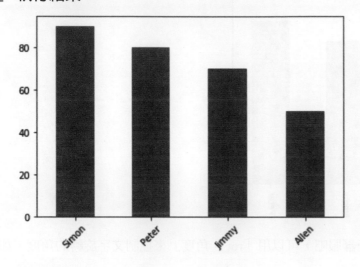

先透過 sort_values 的方法，將 Math 的成績由大至小排序，再將圖繪製出來。一行程式就串起了排序和繪圖。

> **範例 10** 將範例 8 修改為水平的柱狀圖（提示：將 **kind** 設為 **barh**）

┃ 程式碼

```
df['Math'].plot(kind='barh')
```

┃ 執行結果

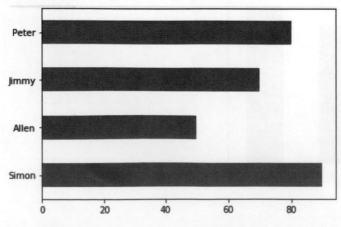

圓餅圖

　　當資料用圓餅圖呈現時，可以看出它占總體的百分比。因此當資料是類別型，而你想看的是總數的百分比時，要用的就是圓餅圖。

範例 11　將數學成績用圓餅 pie 圖呈現

▌ **程式碼**

```
df['Math'].plot(kind='pie')
```

▌ **執行結果**

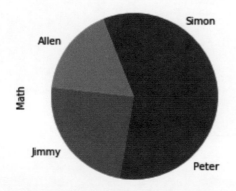

範例 12　畫圓餅圖，並突顯 Simon

▌ **程式碼**

```
explode = [0.15, 0, 0, 0]
df['Math'].plot(kind='pie',explode=explode)
```

▌ **執行結果**

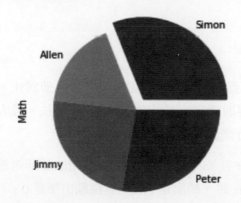

在 df.index 裡 的 值 爲 ['Simon', 'Allen', 'Jimmy', 'Peter']，假 設 我 們 想 突 顯 Simon，就 將 explode 值設爲大於 0 的值，在範例 12 爲 0.15，其餘指標的值仍爲 0。

範例 13　在圓餅圖裡加入百分比

（提示：如果想加入百分比，加入指令 **autopct='%.1f%%'**）

▌ 程式碼

```
df['Math'].plot(kind='pie' ,autopct='%.1f%%')
```

▌ 執行結果

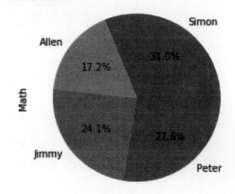

範例 14　自動爆開最小的值，步驟一

先取出 Math 最小值的列索引鍵，並存入 idx 裡，再用串列表達式製作新的串列，只有當變數 i 等於 idx 時爲 0.15，其餘皆回傳 0。

▌ 程式碼

```
idx = df['Math'].idxmin()
[0.15 if i == idx else 0 for i in df.index]
```

▌ 執行結果

```
[0, 0.15, 0, 0]
```

在這個範例裡，我們用 idxmin( ) 這個函數來取得資料最小值的列索引鍵。到目前爲止，我們教的方法都只能夠取到資料的最小值，如果要取到它的索引鍵就要用這個方法。最大值的索引鍵則是 idxmax( )，有興趣的讀者可以自行測試。

另外在這個範例裡，我們用了串列表達式，其中 if 在 for 的前面，因此我們用的並非過濾功能，而是修改資料功能。也就是只有當 i 等於 idx 時，輸出是 0.15，其餘輸出都是 0。

範例 15　自動爆開最小的值，步驟二

再將 explode 變數存放入 plot 裡。

程式碼

```
idx = df['Math'].idxmin()
print(f' 分數最低的人是 {idx}')
explode = [0.15 if i==idx else 0 for i in df.index]
df['Math'].plot(kind='pie',explode=explode,autopct='%1.1f%%')
```

執行結果

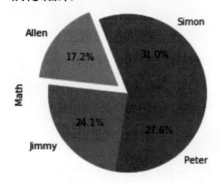

分數最低的人是 Allen。

直方圖

　　介紹完類別型資料的繪圖，我們來介紹連續性資料的繪圖，對於連續型資料，我們可以繪製直方圖。不曉得大家有沒有發現，直方圖（Histgram）和柱狀圖很像，但其實直方圖是針對連續型變數，而柱狀圖是針對類別型變數，兩者並不相同。接下來的例子用鐵達尼號的資料來講解。在這個例子裡，年紀 age 和船票費用 fare 都是連續型變數。從 seaborn 裡載入 titanic 的資料。

程式碼

```
import seaborn as sns
df = sns.load_dataset('titanic')
df.head()
```

執行結果

	survived	pclass	sex	age	sibsp	parch	fare	embarked	class	who	adult_male	deck	embark_town	alive	alone
0	0	3	male	22.0	1	0	7.2500	S	Third	man	True	NaN	Southampton	no	False
1	1	1	female	38.0	1	0	71.2833	C	First	woman	False	C	Cherbourg	yes	False
2	1	3	female	26.0	0	0	7.9250	S	Third	woman	False	NaN	Southampton	yes	True
3	1	1	female	35.0	1	0	53.1000	S	First	woman	False	C	Southampton	yes	False
4	0	3	male	35.0	0	0	8.0500	S	Third	man	True	NaN	Southampton	no	True

範例 16　繪製 **age** 的直方圖

▌程式碼

```
df['age'].plot(kind='hist')
```

▌執行結果

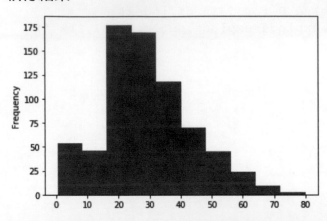

在 plot 裡參數 kind 設為 hist。是不是很像 bar 圖？

　　觀察發現，柱狀圖和直方圖之間還是有一些細微的差異性。柱狀圖的類別與類別之間有空白，而直方圖一條一條的範圍之間就沒有空白。這是做圖的差異。這個差異也強調，直方圖的資料是有連續性的，而柱狀圖沒有連續性。

範例 17　區間值設為 30，將圖繪製得更細緻

▌程式碼

```
df['age'].plot(kind='hist',bins=30)
```

▌執行結果

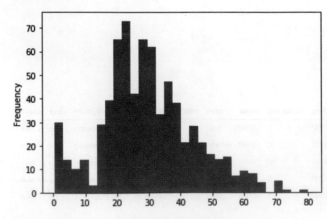

將 bins 設為 30，能將圖繪得更細緻。

究竟這個圖是怎麼畫出來的？ bins 又是什麼意思呢？以範例中的「年紀」這項資料來說，是從 0 到 80 歲，我們將它取 30 等份組距區間（bins），再算出每個區間裡資料出現的次數，再將次數畫成直方圖。因此大家會感覺直方圖和柱狀圖很類似，因為其繪製過程是把連續性資料對應到不同的組距區間，就好像是變成類別型的資料，然後再把每個區間的數目繪製出來。我們手動來製作直方圖。用 pd.cut 將年紀分類 30 個等分區間裡，第一筆資料是 22 歲，落在 (21.641, 24.294] 區間。同理可推導其他資料。

範例 18 繪製直方圖步驟一

程式碼

```
pd.cut(df['age'],30).head()
```

執行結果

```
0    (21.641, 24.294]
1     (37.557, 40.21]
2    (24.294, 26.947]
3    (34.905, 37.557]
4    (34.905, 37.557]
Name: age, dtype: category
Categories (30, interval[float64]): [(0.34, 3.073] < (3.073, 5.725]
< (5.725, 8.378] < (8.378, 11.031] ... (69.389, 72.042] < (72.042,
74.695] < (74.695, 77.347] < (77.347, 80.0]]
```

將年紀分類到 30 個區間後，就像是將資料分成 30 個類別，這時就可以計算每個區間的個數，再依區間大小排序，繪製成柱狀圖。整個觀念流程包含：pd.cut().count_values().sort_index().plot(kind='bar')，但直方圖就幫你做了這麼多事。

範例 19　繪製直方圖步驟二

▌程式碼

```
(pd.cut(df['age'],30,labels=False).
 value_counts(). # 算出每個區間的個數
 sort_index().
 plot(kind='bar', width=1))
```

▌執行結果

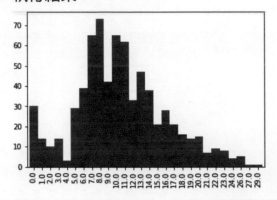

小技巧

我們在指令的最外側加了小括號。這麼做的原因是希望能在「.」處換行並加入註解文字。

範例 20　上例的更簡化，**value_counts** 能直接將連續型資料分成不同區間並計算次數

▌程式碼

```
df['age'].value_counts(bins=30).sort_index().plot(kind='bar', width=1)
```

▌執行結果

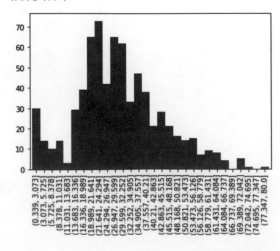

這裡使用的是 value_counts 裡的 bins 參數，就將連續型資料切割到不同的範圍區間。我個人比較常用的是 pd.cut() 函數，它還有 labels 參數來設組距名稱。

箱型圖

我們來想一下，直方圖究竟提供什麼好處？直方圖可以讓我們知道連續型資料的分布情況。透過上面例子的觀察，我們就可以隱約知道，絕大部分的年紀是落在 20 到 30 區間。那有沒有更簡要的圖形呢？接下來我們要介紹的就是箱形圖。相較於直方圖，箱型圖提供的是更精簡的資料呈現方式。中間箱子的兩端為第一四分位數（涵蓋 25% 之資料，Q1）與第三四分位數（涵蓋 75% 之資料，Q3），而箱子中間線為中位數（median）。換言之，箱子涵蓋 50% 的資料。箱型上方的圓圈，則是被判定成「異常值」。以年紀為例，中位數約為 25歲。這跟我們在直方圖的觀察很類似。

範例 21 繪製箱型圖

▌ **程式碼**

```
df['age'].plot(kind='box')
```

▌ **執行結果**

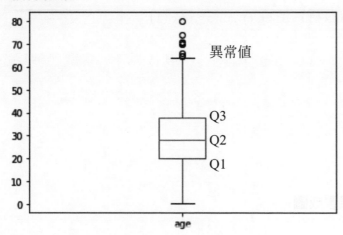

10-2　二維圖形的幾種可能

二維的圖形又比一維的圖形提供更多的資訊，因為它是兩個變數的比較或關係。因此一定要熟悉二維圖形的作圖。

因為資料型態可分為類別型資料和連續型資料。因此二維圖形的組合就有三種可能：

- 「類別型資料」對「類別型資料」：次數的計算，我們用柱狀圖。
- 「類別型資料」對「連續型資料」：不同類別的比較，我們用直方圖或箱形圖。
- 「連續型資料」對「連續型資料」：我們逐點描繪，用的是散布圖。

「類別型資料」對「類別型資料」，選用柱狀圖

再以上面的鐵達尼號為例子，存活（survived）是 (0,1) 類別，性別（sex）也是 (0,1) 類別。依存活和性別可分成四組，我們來算一下各組的人數。

範例 22　製作 survived 和 sex 的交叉表（詳細資料分析的語法在第 12 章「鐵達尼號」說明）

▌程式碼

```
df.groupby(['survived','sex']).size().unstack(1)
```

▌執行結果

sex	female	male
survived		
0	81	468
1	233	109

範例 23　將範例 22 的執行結果製成圖

▌程式碼

```
df.groupby(['survived','sex']).size().unstack(1).\
plot(kind='bar')
```

▌ 執行結果

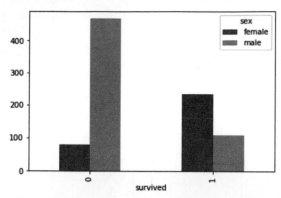

「類別型資料」對「連續型資料」，選用直方圖或箱型圖

在鐵達尼號的例子中，存活 survived(0,1) 爲類別資料，年紀 age 爲連續型資料。我們將資料依存活與否分成兩組，再將兩組的資料分別用直方圖來呈現。因爲資料會重疊，所以多加一個 alpha 參數，alpha 是透明度的參數設定。我們先依存活分兩組，再取出年紀的值，並個別畫圖。

範例 24 「類別型資料」對「連續型資料」的直方圖

▌ 程式碼

```
df.groupby('survived')['age'].\
plot(kind='hist', bins=30, alpha=0.5, legend=True)
```

▌ 執行結果

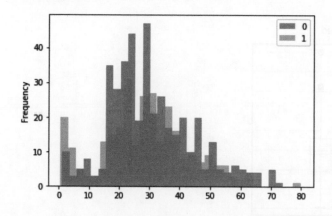

小技巧

加入 legend=True 才會有右上的圖示。

範例 25 「類別型資料」對「連續型資料」的箱型圖

▎**程式碼**

```
df.groupby('survived')['age'].plot(kind='box')
```

▎**執行結果**

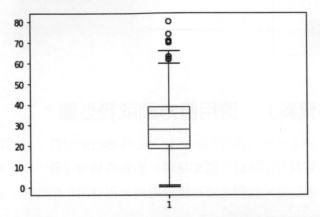

箱型圖無法用這種快捷做法，你會發現兩個圖堆疊在一起並非我們所要（這可能是原本程式的臭蟲，希望能在下一個版本就修改更新。），解決方式如下。

範例 26 解決箱型圖重疊（一）

▎**程式碼**

```
df.boxplot(column='age', by='survived')
```

▎**執行結果**

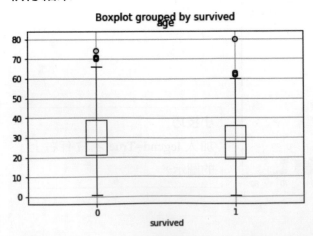

在範例 26 中，我們用的是 boxplot，參數 by 就指定用哪一個變數來分組。更好的解決方式是用 seaborn 來畫箱型圖。seaborn 的使用習慣是用 import seaborn as sns 來載入。

範例 27 解決箱型圖重疊（二）

▌ 程式碼

```
sns.boxplot(x = 'survived', y = 'age', data=df)
```

▌ 執行結果

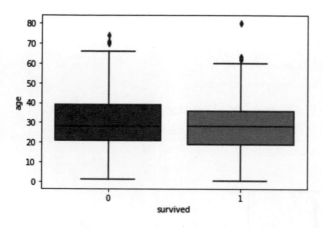

　　seaborn 使用有些需要注意的地方，1. 我們用的是參數 x 跟 y，因為它本身是一個繪圖套件，所以用的不是參數 by 而是參數 x。2. 要給 data 參數值，就是你的 DataFrame。seaborn 還可加入 hue 參數來增加一個類別區分。如：hue='sex'，使用上如範例 28 所示。

範例 28 在資料中增加一個類別區分

▌ 程式碼

```
sns.boxplot(x = 'survived', y = 'age', data=df, hue='sex')
```

▌ 執行結果

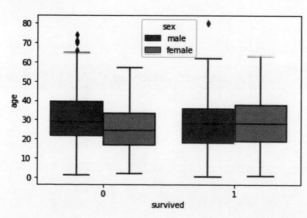

範例 28 在原本的資料中又進一步依照性別做了一次切割。這是 seaborn 獨有的優點。有沒有一種作圖能同時結合直方圖和箱型圖的優點呢？

seaborn 有一個 violinplot 能結合直方圖和箱型圖優點，中間的黑線就是箱型圖，外圍像葉子的就是直方圖。

範例 29　violinplot

程式碼

```
# 不知爲何有奇怪 warning。下兩行可取消 warning 顯示。
import warnings
warnings.simplefilter(action='ignore', category=FutureWarning)
sns.violinplot(x = 'survived', y = 'age', data=df)
```

執行結果

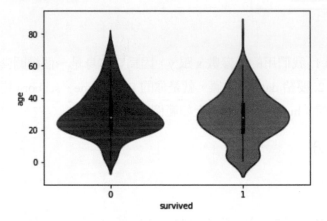

同樣可以加入 hue。

範例 30　violinplot 中加入 hue

程式碼

```
sns.violinplot(x = 'survived', y = 'age', data=df, hue='sex', split=True)
```

▌執行結果

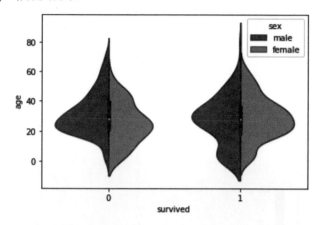

同樣能進一步加入參數 hue 將資料分組。

「連續型資料」對「連續型資料」，選用散佈圖 scatter plot

以鐵達尼號爲例子，年紀 age 爲連續型變數，船票費用亦爲連續型變數。用
kind='scatter'。如果資料呈現直線，則表示某種線性關係存在。

範例 31 繪製散佈圖

▌程式碼

```
df.plot(kind='scatter', x='age', y='fare')
```

▌執行結果

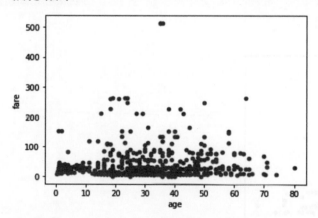

在參數裡 kind=`scatter' 表示爲散佈點，參數 x 和 y 表示要放在圖上的 x 軸和 y 軸資料是什
麼。

範例 32 將範例 31 執行結果中的每個點用是否存活來標記不同顏色

（加入參數 c='survived'，再加入 cmap 顏色盤，不然是黑白的。在本例中紅色是存活，藍色是死亡）。

▌ **程式碼**

```
df.plot(kind='scatter', x='age', y='fare', c='survived', cmap='coolwarm')
```

▌ **執行結果**

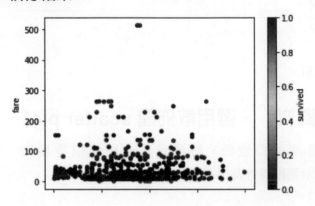

範例 33 取消範例 32 右方的圖形標示

▌ **程式碼**

```
df.plot(kind='scatter', x='age', y='fare',
        c='survived', cmap='coolwarm', colorbar=False)
```

▌ **執行結果**

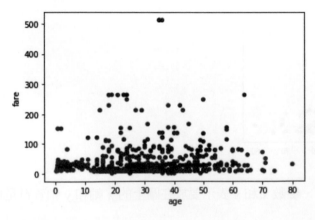

範例 34　將圈圈的大小依是否存活來設定（用 s 參數。在本例因為死亡是 0，因此我們先加入 0.5 才能畫出）

▌程式碼

```
df.plot(kind='scatter', x='age', y='fare', c = 'survived',
        s=((df['survived']+0.5)*30), alpha=0.8, cmap='coolwarm')
```

▌執行結果

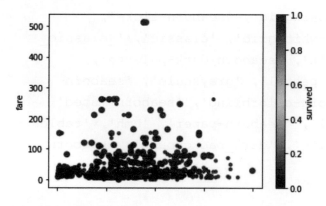

改變輸出樣式

如果你覺得圖形的樣式不好看，可以用下面幾種方式改變輸出樣式。

範例 35　改變輸出樣式

▌程式碼

```
plt.style.use('seaborn')
df.plot(kind='scatter', x='age', y='fare')
```

▌執行結果

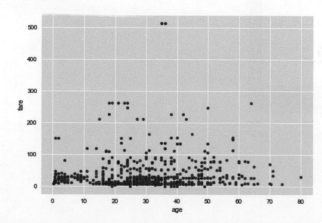

來看看有哪些圖形樣式可以使用。

範例 36 有哪些圖形樣式

▋ 程式碼

```
print(plt.style.available)
```

▋ 執行結果

['seaborn-dark', 'seaborn-darkgrid', 'seaborn-ticks', 'fivethirtyeight', 'seaborn-whitegrid', 'classic', '_classic_test', 'fast', 'seaborn-talk', 'seaborn-dark-palette', 'seaborn-bright', 'seaborn-pastel', 'grayscale', 'seaborn-notebook', 'ggplot', 'seaborn-colorblind', 'seaborn-muted', 'seaborn', 'Solarize_Light2', 'seaborn-paper', 'bmh', 'tableau-colorblind10', 'seaborn-white', 'dark_background', 'seaborn-poster', 'seaborn-deep']

範例 37 用 **classic** 的樣式

▋ 程式碼

```
plt.style.use('classic')
df.plot(kind='scatter', x='age', y='fare',figsize=(6,4))
```

▋ 執行結果

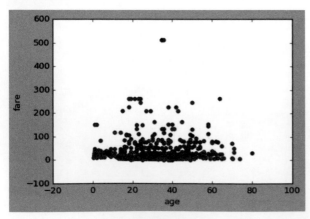

範例 38 回復到原本的樣式（要加前兩行）

▌ 程式碼

```
plt.rcParams.update(plt.rcParamsDefault)
%matplotlib inline
df.plot(kind='scatter', x='age', y='fare')
```

▌ 執行結果

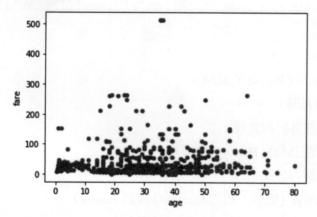

10-3　章末習題

1. 假設有以下的學生四科學習成績資料。

```
scores = {'Math':[90,50,70,80],
          'English':[60,70,90,50],
          'History':[33,75,88,60],
          'Chinese':[22,58,66,37]}
df = pd.DataFrame(scores, index = ['Simon','Allen','Jimmy','Peter'])
df
```

(1) 請將 Enlgish 用水平柱狀圖呈現。

(2) 請用柱狀圖畫出每個人的 History 和 Chinese 的成績。

(3) 請用柱狀圖畫出 Simon 在各科的表現。

(4) 請用柱狀圖畫出 [Simon, Jimmy] 在各科的表現。

(5) 請用柱狀圖畫出 [Simon, Jimmy] 在 [Math, History] 的表現。

(6) 請畫出英文成績的圖餅圖，並加註百分比。

(7) 承 (6) 題，請將分數取高者自動爆開（提示：利用 idxmax() 找到 Jimmy）。

第 11 章

多層級索引鍵

=== 本章學習重點 ===

在 pandas 裡，使用者可以透過索引鍵取得想要的資料。pandas 除了原本的列和欄索引鍵外，更提供了**多層級索引鍵**的功能。透過多層級索引鍵，資料可進一步做不同的分組。多層級索引鍵最常被利用在製作樞紐分析表。多層級索引鍵雖然讓 pandas 更複雜，但也讓它的功能超越了 Excel。其實多層級索引鍵也不是什麼新觀念，列索引鍵和欄索引鍵的本質就是二層級的索引鍵。我們先做個例子。同樣地，也把資料備份到 df_orig。

▌程式碼

```
import numpy as np
import pandas as pd
df = pd.DataFrame({'Out_group':['G1']*3+['G2']*3,
                   'In_group':list(range(1,4))*2,
                   'A':range(11,17),
                   'B':range(21,15,-1)})
df_orig = df.copy()
df
```

▌執行結果

	Out_group	In_group	A	B
0	G1	1	11	21
1	G1	2	12	20
2	G1	3	13	19
3	G2	1	14	18
4	G2	2	15	17
5	G2	3	16	16

11-1 多層級索引鍵的建立

在範例 1 中，用 set_index() 來做多層級索引鍵的建立。我們發現 Out_group 和 In_group 變成了列索引鍵，而且是二個層級，分別是外層的 Out_group 和內層的 In_group。

範例1 將資料裡的 **Out_group** 和 **In_group** 設為索引鍵

▌ 程式碼

```
df = df.set_index(['Out_group','In_group'])
df
```

▌ 執行結果

Out_group	In_group	A	B
G1	1	11	21
	2	12	20
	3	13	19
G2	1	14	18
	2	15	17
	3	16	16

11-2 多層級索引鍵的資料索引和切片

.loc[] 的內定是取最外層的列索引鍵，在範例 2 中，由於是透過列索引鍵來取值，所以要用 .loc['G1']。

範例 2 　取出 Out_group 是 G1 的資料

程式碼

```
df.loc['G1']
```

執行結果

In_group	A	B
1	11	21
2	12	20
3	13	19

　　首先用範例 2 的方式先取出 Out_group 是 G1 的資料。因爲結果仍是 DataFrame，可進一步取出 In_group 索引鍵爲 1 的資料，如範例 3 所示。

範例 3 　取出 Out_group 是 G1，且 In_group 爲 1 的資料（一）

程式碼

```
df.loc['G1'].loc[1]
```

執行結果

```
A    11
B    21
Name: 1, dtype: int64
```

　　要取出 Out_group 是 G1，且 In_group 爲 1 的資料還有更好的做法，可以在 loc[] 裡用 () 將第一層和第二層的索引鍵包起來。注意：不能用 ['G1',1]，只能用 ('G1',1)。爲什麼呢？因爲中括號 [,] 已經保留給列欄索引鍵使用，因此只好退而求其次，用元組 (,) 的方法來取值。詳細做法在範例 4 解釋。

範例 4 　取出 Out_group 是 G1，且 In_group 爲 1 的資料（二）

程式碼

```
df.loc[('G1',1)]
```

▌ 執行結果

```
A      11
B      21
Name: (G1, 1), dtype: int64
```

範例 5 請取出列索引鍵是 **('G1',1)**，欄索引鍵是 **'A'** 的資料

▌ 程式碼

```
df.loc[('G1',1),'A']
```

▌ 執行結果

```
11
```

　　請問各位，我們用了幾個索引鍵才取到 DataFrame 裡的值呢？答案是三個，也就是說這是一個三維的資料。雖然 DataFrame 只能處理二維的資料，但是透過多層級索引鍵，DataFrame 也能夠處理更高維度的資料。但在高維度的資料裡，資料存取上就變得更加複雜了。

範例 6 將 **Out_group** 和 **In_group** 的索引層級對調，存回 **df**

▌ 程式碼

```
df = df.swaplevel(axis=0)
df
```

▌ 執行結果

In_group	Out_group	A	B
1	G1	11	21
2	G1	12	20
3	G1	13	19
1	G2	14	18
2	G2	15	17
3	G2	16	16

因為是「列」索引鍵內外層的對調，因此是 axis 為 0。並請各位自行檢查索引鍵的對調並不會更改原本的資料。我們再三強調，索引鍵是用來做資料定位用的，因此不管我們怎麼移動它，原始的資料都不會被更改。

用 swaplevel() 來做索引層級對調，雖然 In_group 跑到外側去了，但它並沒有分組對齊。接下來我們動手將它對齊，用 sort_index() 來處理排序對齊，level=0 表示最外側的索引鍵，值越大表示索引鍵越往內。

範例 7 將 In_group 分組對齊

▌程式碼

```
df.sort_index(level=0)
```

▌執行結果

level0 In_group	level1 Out_group	A	B
1	G1	11	21
	G2	14	18
2	G1	12	20
	G2	15	17
3	G1	13	19
	G2	16	16

在範例 7 的程式碼中，為了存取不同層級的索引鍵，在函數參數的設定上，我們會需要多加一個參數 level，最外層的索引鍵為 0，越往內層就依序加 1。

11-3　跨層級的資料索引

xs() 可直接用內層的索引鍵取值。為什麼這個函數很重要呢？因為當我們有多層級索引鍵的時候，如果要取到多層級內部的資料，就會變得很不容易，而這個函數就可以幫助我們達成這個功能。我們在股市預測第 15 章會進一步教大家這個函數。

語法：

```
df.xs(key, axis=0, level=None, drop_level=True)
```

- axis＝0 是對列索引鍵取值，axis=1 是對欄索引鍵取值。
- level 表示索引的層級：0 表示最外層，1 表示向內一層。

先還原資料：

▌ 程式碼

```
df = df_orig.copy().set_index(['Out_group','In_group'])
df
```

▌ 執行結果

Out_group	In_group	A	B
	1	11	21
G1	2	12	20
	3	13	19
	1	14	18
G2	2	15	17
	3	16	16

範例 8 取出 **In_group** 索引鍵為 **1** 的兩筆資料（一）

▌ 程式碼

```
df.xs(1, axis=0, level=1)
```

▌ 執行結果

Out_group	A	B
G1	11	21
G2	14	18

在範例 8 中，第一個參數是我們要的索引鍵 1，axis=0 表示列索引鍵方向，level=1 表示為 In_group 索引鍵。

要取出 In_group 索引鍵為 1 的兩筆資料有另一種寫法——用 level='In_group'。

範例 9 取出 **In_group** 索引鍵為 **1** 的兩筆資料（二）

程式碼

```
df.xs(1,axis=0,level='In_group')
```

執行結果

	A	B
Out_group		
G1	11	21
G2	14	18

你會發現取完 In_group 之後，In_group 索引鍵就不見了。如果你想保留 In_group 的索引，可再加入參數 drop_level=False。

範例 10 保留 **In_group** 索引鍵

程式碼

```
df.xs(1, axis=0, level=1, drop_level=False)
```

執行結果

		A	B
Out_group	**In_group**		
G1	**1**	11	21
G2	**1**	14	18

11-4　groupby

　　我們通常不會無緣無故就將資料變成多層級索引鍵，通常是透過 groupby() 這個函數才產生了多層級索引鍵。簡單來說，groupby 就是將資料進行分組。以原本的資料來看，Out_group 可以分成 G1 和 G2 兩組，In_group 則可分成 1,2,3 三組。groupby 就是將這些資料依相同的鍵併在一起，分組後來計算個數、總和或平均值等。

　　透過多層級索引指標，我們可以將資料轉成樞紐分析表（交叉分析表）以利觀察。

- pandas 提供了強大的 groupby() 函數，自動幫我們做不同層級指標，並將資料整理好。
- 用 groupby() 的最大好處是：一次就能將資料分成不同群組。

　　先回復資料：

┃ 程式碼

```
df = df_orig.copy()
df
```

┃ 執行結果

	Out_group	In_group	A	B
0	G1	1	11	21
1	G1	2	12	20
2	G1	3	13	19
3	G2	1	14	18
4	G2	2	15	17
5	G2	3	16	16

　　我們可以用布林值的方式將資料分成兩群，但每次都這麼做很麻煩，因此有了 groupby() 的指令先來看看。

　　如果沒有 groupby() 這個函數的話，要怎麼手動來做資料的分組呢？首先用 unique 這個函數取得不同的組別，然後再用布林值過濾器的方法來取得所要的資料，如範例 11。

範例 11　手動將資料依 Out_group 分組

程式碼

```
for i in df['Out_group'].unique():
    print(df[df['Out_group'] == i])
```

執行結果

```
   Out_group  In_group   A   B
0         G1         1  11  21
1         G1         2  12  20
2         G1         3  13  19
   Out_group  In_group   A   B
3         G2         1  14  18
4         G2         2  15  17
5         G2         3  16  16
```

groupby 的輸出結果並非像範例 11 所呈現的，而是一個 groupby 的物件。

範例 12　用 groupby() 將資料依 Out_group 的值分組

程式碼

```
by_group = df.groupby('Out_group')
by_group
```

執行結果

```
<pandas.core.groupby.generic.DataFrameGroupby object at
0x119e54f60>
```

不過這個物件其實已經將資料分組了，只是暫時停在那並沒有進一步執行。

groupby 裡有一個 groups 屬性。透過它，我們可以發現其儲存內容包含了分組指標與其對應的內容，實作請參考範例 13。

範例 13 解釋 **groupby** 的暫時的形態

程式碼

```
by_group.groups
```

執行結果

```
{'G1': Int64Index([0, 1, 2], dtype='int64'),
 'G2': Int64Index([3, 4, 5], dtype='int64')}
```

換言之，groupby 後的物件包含了鍵和其對應的值，可用迴圈將其取出。有時候如果要進行特殊處理，就可以用這個方法。這裡教大家一個小技巧，如何手動將 groupby 裡面的資料的鍵和值取出使用？什麼時候你會用到這個方法呢？當你要處理的程序更複雜的時候，又或者你想要除錯的時候，都可以用範例 14 的方法來幫助你解決問題。讀者可自行和範例 11 比較就會發現，用 groupby 來做資料的分組處理，程式會更加簡潔。

範例 14 將 **groupby** 裡的鍵和值取出

程式碼

```
for g,v in by_group:
    print(f'鍵 {g}\n值 {v}')
```

執行結果

```
鍵 G1
值   Out_group   In_group    A    B
0       G1           1      11   21
1       G1           2      12   20
2       G1           3      13   19
鍵 G2
值   Out_group   In_group    A    B
3       G2           1      14   18
4       G2           2      15   17
5       G2           3      16   16
```

範例 15 只取出 Out_group 是 G1 的值

▌程式碼

```
by_group.get_group('G1')
```

▌執行結果

	Out_group	In_group	A	B
0	G1	1	11	21
1	G1	2	12	20
2	G1	3	13	19

> **小技巧**
> 用 get_group() 來取分組之後的資料。

11-5　分群之後做什麼

　　分群的本身並非終點，分群之後要做什麼才是重要的；因此，DataFrame 做完 groupby() 後只產生中間型態的 groupby 物件，等待使用者告知下一步驟要的是什麼。譬如：在原本的 DataFrame 裡，我們可以依 Out_group 將資料先分成兩群，再計算欄位 A 在這兩群的平均值是什麼。程式做法是將資料依 Out_group 分成兩群，取出欄位 ['A'] 後再計算平均值。

範例 16 依 Out_group 將資料分成兩群，並計算欄位 A 在這兩群的平均值（一）

▌程式碼

```
by_group['A'].mean()
```

▌執行結果

```
Out_group
G1    12
G2    15
Name: A, dtype: int64
```

範例 17 依 **Out_group** 將資料分成兩群，並計算欄位 **A** 在這兩群的平均值（二），我們用手動的方式利用迴圈來檢查範例 **16** 的結果是否正確

▌ 程式碼

```
for g, v in by_group:
    print(f'{g} {v["A"].mean()}')
```

▌ 執行結果

```
G1 12.0
G2 15.0
```

範例 18 依 **Out_group** 將資料分成兩群，並計算欄位 **A** 在這兩群的平均值（三），熟練的話，可寫成一行

▌ 程式碼

```
df.groupby('Out_group')['A'].mean()
```

▌ 執行結果

```
Out_group
G1    12
G2    15
Name: A, dtype: int64
```

範例 19 依 **Out_group** 將資料分成兩群，並計算欄位 **A** 在這兩群的平均值（四）

▌ 程式碼

```
df['A'].groupby(df['Out_group']).mean()
```

▌ 執行結果

```
Out_group
G1    12
G2    15
Name: A, dtype: int64
```

範例 19 這種寫法比較少見，但也有人這樣用！筆者個人最常用的寫法是範例 18 的 df.groupby('Out_group')['A'].mean()，因為比較直覺：先把資料分組（groupby），再取出某欄位（['A']），再做分析（mean）。

範例 20 　請問在 G1 和 G2 裡的元素各有幾個（用 size()）

▌ 程式碼

```
by_group.size()
```

▌ 執行結果

```
Out_group
G1    3
G2    3
dtype: int64
```

範例 21 　請算出在 G1 和 G2 裡的欄位 A 最大值是什麼

▌ 程式碼

```
by_group['A'].max()
```

▌ 執行結果

```
Out_group
G1    13
G2    16
Name: A, dtype: int64
```

　　如果我們要的是最大值的那筆資料，而不只是數值，要怎麼做呢？我們要取到那筆資料的位置，才能進一步取到資料。在範例 22 中，用 idxmax() 回傳是 index 的位置，在 G1 裡是 index 為 2；在 G2 裡是 index 為 5。

範例 22 　請算出在 G1 和 G2 裡，欄位 A 的最大值的位置

▌ 程式碼

```
by_group['A'].idxmax()
```

▌ 執行結果

```
Out_group
G1    2
G2    5
Name: A, dtype: int64
```

範例 23 承範例 **22**，將取得的位置，用 **.loc[]** 取到所要的資料

▌ 程式碼

```
df.loc[by_group['A'].idxmax()]
```

▌ 執行結果

	Out_group	In_group	A	B
2	G1	3	13	19
5	G2	3	16	16

與範例 21 相比，結果是正確的。

範例 24 請算出在 **G1** 和 **G2** 裡，欄位 **A** 的敘述統計

▌ 程式碼

```
by_group['A'].describe()
```

▌ 執行結果

	count	mean	std	min	25%	50%	75%	max
Out_group								
G1	3.0	12.0	1.0	11.0	11.5	12.0	12.5	13.0
G2	3.0	15.0	1.0	14.0	14.5	15.0	15.5	16.0

用 describe() 函數可以計算敘述統計。這裡所看到的平均值（mean）、標準差（std）、最小值（min）、最大值（max）都能用 describe() 算出來。

範例 25 取得 **G1** 和 **G2** 這兩組裡的第一個值

▌ 程式碼

```
df.groupby('Out_group').first()
```

▌ 執行結果

	In_group	A	B
Out_group			
G1	1	11	21
G2	1	14	18

> **小技巧**
>
> 我們可以搭配 sort_values 函數先將資料排序，再透過 groupby 函數進行資料分組，再用 head 函數就可以取出每個組的前幾名資料。詳細說明，在業務銷售第 14 章會有介紹。

範例 26　取得 **G1** 和 **G2** 裡的前兩個值（提示：取出各組的前兩個元素要用 **head()**）

▌ **程式碼**

```
by_group.head(2)
```

▌ **執行結果**

	Out_group	In_group	A	B
0	G1	1	11	21
1	G1	2	12	20
3	G2	1	14	18
4	G2	2	15	17

範例 27　取得 **G1** 和 **G2** 索引鍵的所有欄位平均值（提示：沒指定欄位時，它預設就包含了所有可計算數值的欄位）

▌ **程式碼**

```
by_group.mean()
```

▌ **執行結果**

	In_group	A	B
Out_group			
G1	2	12	20
G2	2	15	17

範例 28　取得 **G1** 和 **G2** 裡，欄位 **A** 和 **B** 的平均值

▌ **程式碼**

```
by_group[['A','B']].mean()
```

▌ 執行結果

	A	B
Out_group		
G1	12	20
G2	15	17

11-6　groupby 和多層級索引鍵的關係

　　剛剛分群的方式是用單一的 Out_group 來做分群；但實際在做資料分析時會用到更多的索引鍵來做分群。以本資料而言，除了用 Out_group 來分群，也同時可用 In_group 來做分群，這就是用 groupby 建構多層級索引指標的方式。

　　首先來了解同時用 Out_group 和 In_group 來做分群會有什麼結果。在資料上我們做了小改變：

▌ 程式碼

```python
df = pd.DataFrame({'Out_group':['G1']*3+['G2']*3,
                   'In_group':list(range(1,3))*3,
                   'A':range(11,17),
                   'B':range(21,15,-1)})
df_orig = df.copy()
df
```

▌ 執行結果

	Out_group	In_group	A	B
0	G1	1	11	21
1	G1	2	12	20
2	G1	1	13	19
3	G2	2	14	18
4	G2	1	15	17
5	G2	2	16	16

範例 29 用迴圈來模擬同時用「**Out_group 和 In_group**」分群後的結果

程式碼

```
for k, v in df.groupby(['Out_group','In_group']):
    print(f' 外鍵 {k[0]}  內鍵 {k[1]}  其值為：\n{v}')
```

執行結果

外鍵 G1 內鍵 1 其值為：
```
  Out_group  In_group   A   B
0        G1         1  11  21
2        G1         1  13  19
```
外鍵 G1 內鍵 2 其值為：
```
  Out_group  In_group   A   B
1        G1         2  12  20
```
外鍵 G2 內鍵 1 其值為：
```
  Out_group  In_group   A   B
4        G2         1  15  17
```
外鍵 G2 內鍵 2 其值為：
```
  Out_group  In_group   A   B
3        G2         2  14  18
5        G2         2  16  16
```

觀察發現資料順利分成四組。

範例 30 用 **Out_group** 和 **In_group** 做分群，並算出分群後欄位 **A** 的平均值

程式碼

```
df.groupby(['Out_group','In_group'])['A'].mean()
```

執行結果

```
Out_group  In_group
G1         1           12
           2           12
G2         1           15
           2           15
Name: A, dtype: int64
```

這裡要注意的是：資料的結果是 Series 資料型態，而且它是一個二層級索引鍵的資料。

　　每次用 groupby 分群之後，pandas 會自動將分群的資料做成索引鍵。如果不希望如此，可以加參數 as_index=False，請參考範例 31。

範例 31　取消 **groupby** 之後，**pandas** 會將分群的資料做成索引鍵

▋ 程式碼

```
df.groupby(['Out_group','In_group'], as_index=False)['A'].mean()
```

▋ 執行結果

	Out_group	In_group	A
0	G1	1	12
1	G1	2	12
2	G2	1	15
3	G2	2	15

範例 32　同範例 **31**，用 **reset_index()** 來完成

▋ 程式碼

```
df.groupby(['Out_group','In_group'])['A'].mean().reset_index()
```

▋ 執行結果

	Out_group	In_group	A
0	G1	1	12
1	G1	2	12
2	G2	1	15
3	G2	2	15

從範例 31 和 32 比較，就可以知道函數有參數的好處了。不過我必須講，我常常看到有人使用範例 32 的方式，其實也沒有什麼不對，因為這樣做，你反而更清楚說明將索引鍵退回到資料裡。

11-7　改變欄索引鍵和列索引鍵的位置

本章一開始就說明，多層級索引鍵不是什麼新觀念，列索引鍵和欄索引鍵的本質就是二層級的索引鍵。透過將列索引鍵和欄索引鍵的位置更動，往往能幫助我們對資料有更清楚的了解！再一次提醒，索引鍵的位置變更並不會影響資料，只是影響我們觀看資料的觀點而已。

本節會用到的是 stack() 和 unstack() 方法。

- unstack()：會把欄索引鍵放到列索引鍵。讓資料變得水平。
- stack()：會把列索引鍵放到欄索引鍵。讓資料變高。

先創造資料，並將指標設為 ['Out_group','In_group']。df 的列索引鍵是二層級的鍵，欄位 A 是一層級的欄索引鍵。

▌程式碼

```
df = pd.DataFrame({'Out_group':['G1']*3+['G2']*3,
                   'In_group':list(range(1,4))*2,
                   'A':range(11,17)})
df = df.set_index(['Out_group','In_group'])
df
```

▌執行結果

Out_group	In_group	A
	1	11
G1	2	12
	3	13
	1	14
G2	2	15
	3	16

首先介紹 unstack()，把 'Out_group' 的列索引鍵移到欄索引鍵的位置，這裡用 unstack() 的方法，並將參數 level 設為 0，即最外層的位置。從範例 33 可以看見，透過索引鍵的位置改變，能將原本一維的資料變成二維的資料。這也說明，二維索引資料只是多層級索引的一種特例。

範例 33　把 'Out_group' 的列索引鍵移到欄索引鍵的位置

▌程式碼

```
df.unstack(0)
```

▌執行結果

		A	
Out_group		G1	G2
In_group			
1		11	14
2		12	15
3		13	16

接下來換將 In_group 移到欄索引鍵的位置，同樣用 unstack()，但參數設為 1，即從最外層算起向內一層的索引鍵。

範例 34　將 **In_group** 移到欄索引鍵的位置

▌程式碼

```
df.unstack(1)
```

▌執行結果

		A		
In_group		1	2	3
Out_group				
G1		11	12	13
G2		14	15	16

請注意，由於範例 33 並沒有將結果指派到原本的 df，因此 df 並沒有被改變。這裡的 df 仍是一開始的例子。

範例 35 　一次移動兩個列索引鍵

程式碼

```
df.unstack([0,1])
```

執行結果

```
    Out_group  In_group
A   G1         1          11
               2          12
               3          13
    G2         1          14
               2          15
               3          16
dtype: int64
```

輸出的資料結果為 Series，它有 3 個索引鍵 A、Out_group 和 In_group。

範例 36 　將欄列索引鍵位置互換（提示：用矩陣轉置完成 .T）

程式碼

```
df.T
```

執行結果

Out_group	G1			G2		
In_group	**1**	**2**	**3**	**1**	**2**	**3**
A	11	12	13	14	15	16

範例 37 　將範例 36 執行結果中的 **Out_group** 放到列索引鍵的位置

程式碼

```
df.T.stack(0)
```

▌執行結果

In_group		1	2	3
Out_group				
A	**G1**	11	12	13
	G2	14	15	16

　　參數 0 表示是最外層的 Out_group 要放到列索引鍵位置。

　　在本章中介紹了多層級索引鍵和其操作，包括了 groupby、swaplevel、stack、unstack，這在資料的處理上是非常重要且好用的功能。

　　學到這個地方，恭喜各位已經完成 pandas 的基本修煉了。

11-8　章末習題

1.　假設有一筆資料

```
df = pd.DataFrame({'Out_group':['G1']*3+['G2']*3,
                   'In_group':list(range(1,4))*2,
                   'A':range(21,27),
                   'B':range(31,25,-1)})
```

請用本章所學程式寫作技巧回答以下問題。

(1) 請將索引鍵設為 ['Out_group','In_group']，並存回 df。

(2) 請問 Out_group 群組 G1 和 G2 裡的 A 和 B 欄位最大值分別是？

(3) 請問 Out_group 群組 G1 和 G2 裡的 A 和 B 欄位最小值分別是？

(4) 請問 Out_group 群組 G1 和 G2 裡的 A 和 B 欄位平均值分別是？

(5) 請問 Out_group 群組 G1 和 G2 裡的 A 和 B 欄位總和分別是？

(6) 請問 Out_group 群組 G1 和 G2 各有幾個元素？

(7) 請取出 In_group 裡，索引鍵值為 2 的資料。

(8) 請將 Out_group 和 In_group 的索引層級對調。

(9) 對調索引層級後會需要重新排序指標，請將上題對調後的結果依 In_group 指標值來排序，並存回 df。

(10)請算出 In_group 裡各有幾筆資料。

(11)請算出 In_group 裡的平均。

第 12 章

鐵達尼號

　　所有看過《鐵達尼號》電影的人都難忘傑克和羅絲的愛情故事，最後傑克還為了羅絲犧牲自己生命。大家有沒想過，這只是電影情節，還是真實的事件？在本章的例子，我們用真實的鐵達尼數據來分析和猜測當時的情景。我們期望了解，性別與存活的關係？女生是否有較高的存活率？不同的艙等是否影響存活率？費用與存活率的關係？親人對存活率的影響是什麼？

學習重點：

- 交叉分析

  類別型資料對類別型資料 groupby(['a','b']).size()

  類別型資料對連續型資料 groupby()[].agg()

- 用 df.loc[] 取出你要的欄位

- 用 df.isnull().sum() 計算遺漏值的數目

- df.value_counts()

- seaborn.countplot()

- df.groupby().unstack()

- df.corr()

- df.groupby().plot(kind='bar')

　　首先載入所需套件：

▌ **程式碼**

```
%matplotlib inline
import numpy as np
import pandas as pd
import seaborn as sns
import matplotlib.pyplot as plt
```

12-1 鐵達尼號資料檢視

此資料來自於 seaborn 內的資料，用 df.head() 檢查前五筆資料。

範例 1 檢視 **seaborn** 中前五筆資料

▌ 程式碼

```
df = sns.load_dataset('titanic')
df.head()
```

▌ 執行結果

	survived	pclass	sex	age	sibsp	parch	fare	embarked	class	who	adult_male	deck	embark_town	alive	alone
0	0	3	male	22.0	1	0	7.2500	S	Third	man	True	NaN	Southampton	no	False
1	1	1	female	38.0	1	0	71.2833	C	First	woman	False	C	Cherbourg	yes	False
2	1	3	female	26.0	0	0	7.9250	S	Third	woman	False	NaN	Southampton	yes	True
3	1	1	female	35.0	1	0	53.1000	S	First	woman	False	C	Southampton	yes	False
4	0	3	male	35.0	0	0	8.0500	S	Third	man	True	NaN	Southampton	no	True

欄位描述如下：

- survived：獲救情況（1 為獲救，0 為未獲救）
- pclass：船艙等級（1/2/3 等艙位）
- sex：性別
- age：年齡
- sibsp：兄弟 / 妹和配偶個數（sibling and spouse）
- parch：父母與小孩個數（parents and children）
- farc：票價
- embarked：登船港口（C: Cherbourg、Q: Queenstown、S:Southampton）

接下來，我們就針對範例 1 的執行結果分析資料。

範例 2 請取出從欄位 **'survived'** 到欄位 **'embarked'** 的所有資料（我們只用前面幾個欄位，先將它們取出來。）

▎程式碼

```
df = df.loc[:,'survived':'embarked']
df.head()
```

▎執行結果

	survived	pclass	sex	age	sibsp	parch	fare	embarked
0	0	3	male	22.0	1	0	7.2500	S
1	1	1	female	38.0	1	0	71.2833	C
2	1	3	female	26.0	0	0	7.9250	S
3	1	1	female	35.0	1	0	53.1000	S
4	0	3	male	35.0	0	0	8.0500	S

還記得這個取欄位的技巧嗎？各位讀者一定要學起來。

範例 3 請檢視資料的基本統計描述

▎程式碼

```
df.describe(include='all')
```

▎執行結果

	survived	pclass	sex	age	sibsp	parch	fare	embarked
count	891.000000	891.000000	891	714.000000	891.000000	891.000000	891.000000	889
unique	NaN	NaN	2	NaN	NaN	NaN	NaN	3
top	NaN	NaN	male	NaN	NaN	NaN	NaN	S
freq	NaN	NaN	577	NaN	NaN	NaN	NaN	644
mean	0.383838	2.308642	NaN	29.699118	0.523008	0.381594	32.204208	NaN
std	0.486592	0.836071	NaN	14.526497	1.102743	0.806057	49.693429	NaN
min	0.000000	1.000000	NaN	0.420000	0.000000	0.000000	0.000000	NaN
25%	0.000000	2.000000	NaN	20.125000	0.000000	0.000000	7.910400	NaN
50%	0.000000	3.000000	NaN	28.000000	0.000000	0.000000	14.454200	NaN
75%	1.000000	3.000000	NaN	38.000000	1.000000	0.000000	31.000000	NaN
max	1.000000	3.000000	NaN	80.000000	8.000000	6.000000	512.329200	NaN

describe() 預設只對數值型資料進行分析，如果要包含類別型資料（如：embarked），就要用參數 include='all'。我們觀察到資料共 891 筆，其中 age 只有 714 筆，表示有遺漏值。sex 有二個類別，male 比較多。embarked 有三類別，最多個數的是 S。

這裡比較奇怪的是，'survived' 應該是類別型變數，爲何在 describe() 裡沒有呈現類別個數的資訊；同樣的情況也發生在 'pclass' 上。這是因爲 pandas 將這兩個欄位視爲連續型數值，而非類別型資料。這個地方我們就要特別留意分析會不會出錯。特別是在 pclass 這個類別變數上，其平均值和標準差的意義不大。

範例 4 用 **info()** 來檢視每個欄位的資料型態

▌ 程式碼

```
df.info()
```

▌ 執行結果

```
<class 'pandas.core.frame.DataFrame'>
RangeIndex: 891 entries, 0 to 890
Data columns (total 8 columns):
survived    891 non-null int64
pclass      891 non-null int64
sex         891 non-null object
age         714 non-null float64
sibsp       891 non-null int64
parch       891 non-null int64
fare        891 non-null float64
embarked    889 non-null object
dtypes: float64(2), int64(4), object(2)
memory usage: 55.8+ KB
```

範例 5　檢查資料有幾個遺漏值

▌程式碼

```
df.isnull().sum()
```

▌執行結果

```
survived      0
pclass        0
sex           0
age         177
sibsp         0
parch         0
fare          0
embarked      2
dtype: int64
```

還記得這個是我們之前教過用來算遺漏值的語法嗎？從執行結果得知，age 有 177 個遺漏值，embarked 有 2 個遺漏值。

範例 6　遺漏值的處理（年紀用平均值取代，'embarked' 用向下填滿法）

▌程式碼

```
df['age'].fillna(value=df['age'].mean(),inplace=True)
df['embarked'].fillna(method='ffill',inplace=True)
df.isnull().sum()
```

▌執行結果

```
survived      0
pclass        0
sex           0
age           0
sibsp         0
parch         0
fare          0
embarked      0
dtype: int64
```

範例 7　用 **df.corr()** 查看各數值變數的相關係數

▌ **程式碼**

```
df.corr().round(2)
```

▌ **執行結果**

	survived	pclass	age	sibsp	parch	fare
survived	1.00	-0.34	-0.07	-0.04	0.08	0.26
pclass	-0.34	1.00	-0.33	0.08	0.02	-0.55
age	-0.07	-0.33	1.00	-0.23	-0.18	0.09
sibsp	-0.04	0.08	-0.23	1.00	0.41	0.16
parch	0.08	0.02	-0.18	0.41	1.00	0.22
fare	0.26	-0.55	0.09	0.16	0.22	1.00

　　相關係數的函數會自動將 DataFrame 裡所有數值型的資料都進行相關係數分析。這裡要特別注意的是，船艙等級同樣被拿來進行相關分析，但由於船艙等級並非是數值型資料，因此資料解讀要格外小心。

範例 8　用圖形呈現相關係數結果（提示：用 **annot=True** 參數會標記數字在圖表上）

▌ **程式碼**

```
sns.heatmap(df.corr(), annot=True, cmap='coolwarm')
```

▌ **執行結果**

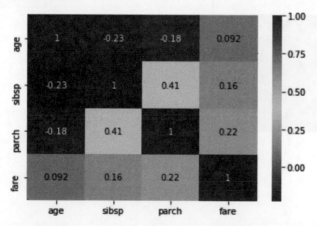

　　從執行結果可以看出，年紀與兄弟妹和配偶個數、父母小孩都呈負相關（即年紀愈高，兄弟姐妹和配偶、父母個數愈少），票價與親人個數呈正相關。

12-2　從最基本的存亡人數分析

範例 9　計算死亡人數和存活人數各多少人

▌ 程式碼

```
df['survived'].value_counts()
```

▌ 執行結果

```
0    549
1    342
Name: survived, dtype: int64
```

0 代表死亡，共 549（人），1 為存活，其值是 342（人）。

範例 10　將存活人數用柱狀圖呈現

▌ 程式碼

```
df['survived'].value_counts().plot(kind='bar',rot=0)
```

▌ 執行結果

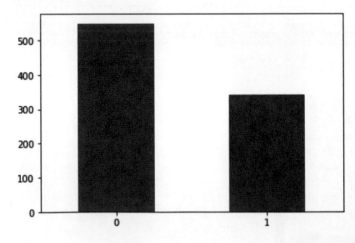

範例 **11** 存亡人數用百分比表示（提示：用參數 **normalize=True**）

▌ 程式碼

```
df['survived'].value_counts(normalize=True)
```

▌ 執行結果

```
0    0.616162
1    0.383838
Name: survived, dtype: float64
```

從執行結果得知，死亡率約佔 6 成。

範例 **12** 將存亡人數百分比用柱狀圖呈現

▌ 程式碼

```
df['survived'].value_counts(normalize=True).plot(kind='bar', rot=0)
```

▌ 執行結果

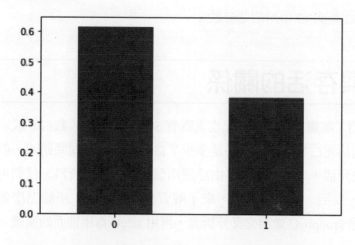

因為程式的計算結果是存活率，因此圖形的 y 軸是介於 0 和 1 之間。

　　seaborn 為更高階的專業資料呈現套件。在畫存亡人數柱狀圖的用法上更為簡單，因為 seanborn 的 countplot 會自動計算次數。

　　語法：

```
sns.countplot(x=None, y=None, hue=None, data=None)
```

範例 13　用 **seaborn** 的 **countplot()** 來畫存亡人數柱狀圖

▌程式碼

```
sns.countplot(x='survived', data=df)
```

▌執行結果

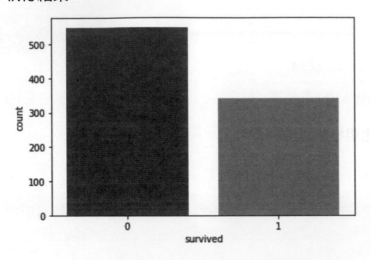

　　由於 seaborn 是繪圖套件，因此在範例 13 中用的是參數 x。

12-3　了解性別與存活的關係

　　在 12-2 節的範例操作後，我們了解鐵達尼號當時死亡人數有 549 人，佔總人數約 6 成。但大家更好奇的是：男、女生分別佔死亡和存活的比率是多少？當我們這樣子問問題時，就設想了兩個變數間的關係：一個是死活，一個是男女。由於這兩個都是類別型資料，我們可將資料分成四組，分別是：女死、女活、男死、男活，來了解資料分組人數。那該怎麼做呢？就要用到 groupby() 函數。透過 groupby() 做出交叉分析表，再用 size() 算出裡面的個數。

　　語法記憶提示：

```
df.groupby([ 類別 , 類別 ]).size()
```

有同學問 size( ) 跟 count( ) 的結果有什麼不一樣？有興趣的同學可以自己將 size( ) 換成 count( ) 函數，看看它們的差異在哪裡。提示，size( ) 是用來算個數，而 count( ) 是用來算非遺漏值的個數。

範例 14　男女生分別佔死亡和存活的個數

▌程式碼

```
df.groupby(['survived','sex']).size()
```

▌執行結果

```
survived    sex
0           female      81
            male       468
1           female     233
            male       109
dtype: int64
```

執行結果表示，女性死亡 81 人，男性死亡 468 人；女性存活 233 人，男性存活 109 人。這樣子的數據其實不容易判讀。接下來進一步解決這個問題。

範例 15　將範例 14 的執行結果用柱狀圖呈現

▌程式碼

```
df.groupby(['survived','sex']).size().plot(kind='bar')
```

▌執行結果

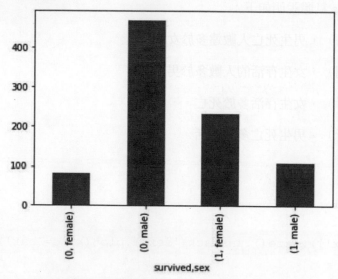

從範例 14 的列索引鍵的角度來看，這裡有 4 筆資料，因此範例 15 在 x 軸有 4 個獨立的柱狀圖形。當資料如此呈現的時候並不容易解讀。解決方式就是用 unstack() 將 sex 從列索引鍵移到欄索引鍵，這樣就變成二組資料，實作參考範例 16。

範例 16 用 **unstack()** 將 **sex** 從列索引鍵移到欄索引鍵

▌程式碼

```
df.groupby(['survived','sex']).size().unstack('sex')
```

▌執行結果

sex	female	male
survived		
0	81	468
1	233	109

在程式碼中，unstack() 裡的參數可以寫 'sex'，也可以寫 level=1。另外一個小提醒，改變索引鍵位置並不會改變資料。

看一下它的執行結果，這樣子解讀起來就清楚多了。解讀這個表，可以有兩種觀點。從橫向列的觀點來看，可以看出在死亡或存活的情況裡，不同性別的差異。從縱向欄的觀點，則可以看出在女生和男性的情況裡，死亡和存活的差異。橫向是同存或同活來比較男女差異，縱向是同性別內的存活比較。具體說明如下：

- 從死亡人數角度來看（第一列），男生死亡人數遠多於女生。
- 從存活人數角度來看（第二列），女生存活的人數多於男生。
- 從女生人數角度來看（第一行），女生存活多於死亡。
- 從男生人數角度來看（第二行），男生死亡多於存活。

範例 17 將範例 16 做成柱狀圖

▌程式碼

```
df.groupby(['survived','sex']).size().unstack('sex').plot(kind='bar')
```

▌執行結果

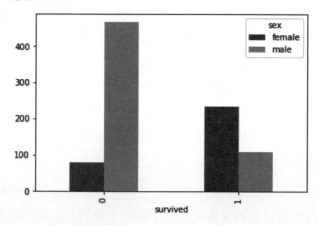

原本的四筆資料透過範例 16 的操作之後變成兩組「存活 0 和 1」，這也是爲什麼在圖形上分成兩大類，然後從是否存活的 0 和 1，又可再細分成女和男。從圖形上就可明顯看出，男生死亡人數明顯比女生死亡的人數多，而女生存活人數也比男生存活的人數多。

如果我們將性別放在 x 軸來做圖的話，會有不一樣的結果嗎？我們用範例 18 實作一次。

範例 18　將性別放在 x 軸

▌程式碼

```
df.groupby(['survived','sex']).size().unstack(level=0).plot(kind='bar')
```

▌執行結果

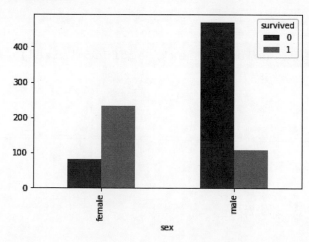

我們從執行結果來解讀一下範例 17 與範例 18 之間的差異。範例 18 是用性別做分組，我們就從不同性別的觀點來做分析。從女生的觀點來講，女生的存活人數大於死亡人數。從男生的觀點來講，死亡人數大於存活人數。總結兩個範例來說，如果我們想要表達的是在存亡方面男女生的差異（更白話的說法，男女生在存亡人數的差異比較），我們就將存亡放在資料的列索引鍵，圖形上就會以存亡作為分組。如果我們想表達的是不同性別存亡的比較，我們就將性別放在列索引鍵，圖形上就會以性別做分組。以鐵達尼號這筆資料來講，我會選擇將存亡放在 x 軸，來凸顯男女生的存亡差異。即我想凸顯的是，在鐵達尼的案例中，男生活下來的比女生少，而且死亡的人也比女生多。

不過，這樣的比較其實有點不公平，因為男女生的總人數並不相同，如果要客觀比較的話，需要先將它除以個別的總人數做資料的正規化再來做比較會比較好。我們在之後的範例會介紹。

交叉分析表

因為做交叉分析表很常用，pandas 提供了 pivot_table() 函數來製作。

欄位說明：在本章的範例中，列索引鍵為 'survived'，欄索引鍵為 'sex'，用來計算分組後的函數是 size。當你更熟悉整個觀念和語法之後，就可以使用 pivot_table 這個函數直接製作交叉分析表。如果你已經熟悉 groupby 的原理，你就會懂得 pivot_table 裡面參數所代表的意義是什麼。

範例 19 用 **pivot_table()** 來做交叉分析表

▍程式碼

```
df.pivot_table(index='survived', columns='sex', aggfunc='size')
```

▍執行結果

sex	female	male
survived		
0	81	468
1	233	109

範例 20 用 seaborn 畫交叉分析表，用 countplot()

▌程式碼

```
sns.countplot(x='survived', data=df, hue='sex', hue_order=['female', 'male'])
```

▌執行結果

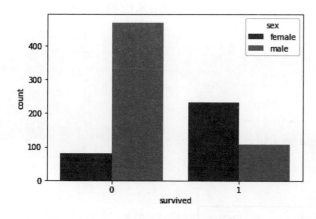

首先在程式碼中，x 參數設爲 'survived'，hue 的參數值爲 'sex' 來做分組，hue_order 用來控制 hue 的順序。爲了在視覺上跟 pandas 相同，先女後男，所以我設了 hue_order 參數。

　我們前面有提到，直接做男女生人數的比較並不合理，因爲兩者的數目並不相同。譬如：如果今天男生的總數是女生的 100 倍，那麼不管是死亡還是存活的人數，男生就有很大的機率大於女生的人數。因此合理的做法是將各性別存亡人數除以各性別總人數來取得各性別的存活率。怎麼做呢？我們可以透過 num_df.sum() 來計算各性別的總人數，再用各性別存亡人數除以總人數，得到存活率。

範例 21 男女性別的存活率爲多少

▌程式碼

```
num_df = df.groupby(['survived','sex']).size().unstack('sex')
num_df/num_df.sum()
```

▌執行結果

sex	female	male
survived		
0	0.257962	0.811092
1	0.742038	0.188908

女性的存活率高達 7 成 5，而男性則不到 2 成。

12-4　了解船艙等級與存活率的關係

在鐵達尼號裡有三個船艙等級,最高等是 1,最低等級是 3。讀者在繼續閱讀之前可以先想想看,哪一個船艙等級的存活率會是最高呢?

在接下來的範例中要分析船艙等級與存活率間的關係。如果只是要畫圖,用 seaborn 的 countplot() 是最方便的,只需更改參數 hue 為 pclass。hue 參數是用來控制將資料進一步做分組。

範例 22　用船艙等級來看存活情況

▋ **程式碼**

```
sns.countplot(x='survived', data=df, hue='pclass')
```

▋ **執行結果**

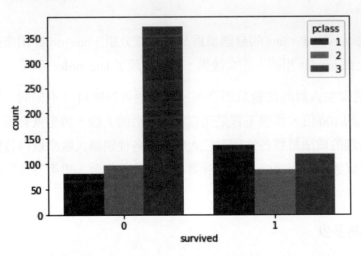

從圖形結果可以看出資料分成兩大組,分別是死亡 0 和存活 1。在這兩大組裡面,又再進一步分成三個船艙等級的人數。從死亡人數的角度來看,艙等 3 的死亡人數最多,而艙等 1 的死亡人數最少。從存活的角度來看,艙等 1 活下來的人最多,而艙等 3 的人次之。

這個範例可以說明,如果你直接用人數來做分析的話,就會犯以下的錯誤推論。你可能會直覺地認為,艙等 3 的人活下來的情況還不錯,因為活下來的人數大於艙等 2 的人數。但你可能忽略的是,艙等 3 存活人數比較多的原因並非是存活率比較高,而是單純因為艙等 3 的總人數本來就比艙等 2 多很多,而導致存活下來的人數也比較多。

範例 23 先看各船艙的人數

▌ 程式碼

```
df.groupby('pclass').size()
```

▌ 執行結果

```
pclass
1    216
2    184
3    491
dtype: int64
```

果不其然，艙等 3 的人數遠大於艙等 2 的人數。

範例 24 繪製各船艙的人數

▌ 程式碼

```
df.groupby('pclass').size().plot(kind='bar',rot=0)
```

▌ 執行結果

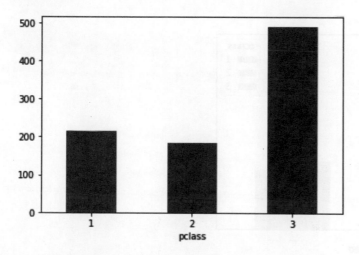

範例 25　想了解存活與不同艙等的交叉關係

▌程式碼

```
df.groupby(['survived','pclass']).size().unstack('pclass')
```

▌執行結果

pclass	1	2	3
survived			
0	80	97	372
1	136	87	119

由於 pclass 和 survived 是兩個類別變數，我們將存活放在列索引鍵的位置來凸顯存活人數的比較，不同艙等放在欄索引鍵位置，再用 size() 計算分組個數。

範例 26　將範例 24 繪製成圖

▌程式碼

```
df.groupby(['survived','pclass']).size().unstack().plot(kind='bar')
```

▌執行結果

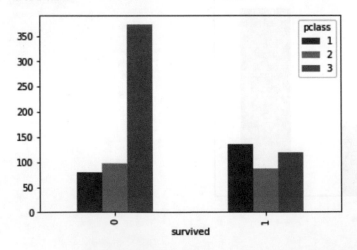

　　我們一樣來做圖，結果雖然和 seaborn 相同，但差異就在於 seaborn 是繪圖套件，因此它的主要功能就是做圖形的呈現。而 pandas 是做資料分析，繪圖是附帶的好處而已。我個人的經驗給各位參考，我通常是用 pandas 來繪圖，但是如果需要更精美的圖形，我就會考慮到 seaborn。請記得，seaborn 本身沒什麼資料處理能力，因此你可以把它當成是 pandas 延伸的好工具。也就是當 pandas 把資料處理好之後，再交由 seaborn 進一步繪圖。

範例 27　將結果堆疊一起看

▌程式碼

```
df.groupby(['survived','pclass']).size().unstack().plot
(kind='bar',stacked=True)
```

▌執行結果

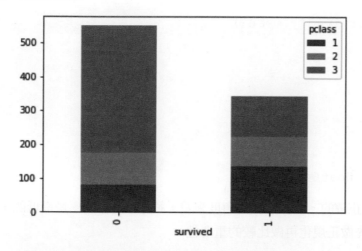

我們只要在程式語法中加入一個參數 stacked=True，就能把資料堆疊起來看。將資料堆疊起來的好處是可以看到存活與死亡個別的總數比較，並同時觀察到不同船艙等級的情況。它雖然多提供一個總人數資訊，但是相較於範例 26 的結果，比較不利於跨艙等的比較。

範例 28　各船艙的存活率為多少？（一）（提示：什麼是各船艙的存活率？就是各船艙的存亡人數 / 各船艙的總人數）

▌程式碼

```
num_df = df.groupby(['survived','pclass']).size().unstack('pclass')
num_df/num_df.sum()
```

▌執行結果

pclass	1	2	3
survived			
0	0.37037	0.527174	0.757637
1	0.62963	0.472826	0.242363

如果我們只關心存活率的話，還有更簡單的小技巧可以教大家，因為 'survived' 為 0 和 1 的值。如果算 survived 欄位的加總，就代表活下來的總人數，將它除以全部資料的總數就變成了存活率。而加總除以總數，剛好是平均值的意義。因此，要計算各船艙的存活率還有另一種作法：依 'pclass' 的值將資料分成三組，再計算這三組的 'survived' 欄位平均，即存活率。

範例 29 各船艙的存活率為多少？（二）

▌ **程式碼**

```
df.groupby('pclass')['survived'].mean()
```

▌ **執行結果**

```
pclass
1    0.629630
2    0.472826
3    0.242363
Name: survived, dtype: float64
```

讀者可對照範例 28，的結果是正確的。從存活率的角度來看，艙等 3 的存活率是最低的，而不是艙等 2。這也說明資料先做正規化再做比較的重要性。

12-5 了解船艙等級、性別和存活的關係

我們已經分別了解性別和存活，以及船艙等級和存活之間關係。女性的存活率較高，約 7 成 5；艙等 1 存活率是 6 成 3。如果要預估一名女性，又正好在艙等 1 裡，存活率會變得多高？這個問題的解法就可以用剛剛我們教的小技巧了。做法是將資料先依性別和船艙等級共分成 6 組，再取出 'survived' 的平均值。

方法一：用 groupby().mean() 來做

我們發現一個有趣的現象，艙等 1 的女生存活率高達 9 成 7；艙等 2 的女生存活率也有 9 成 2，但最低艙等的女生卻只有 5 成存活。因此如果只看數字，會以為女性的存活率都很高（7 成 5），但事實上只有艙等 1 和艙等 2 的存活率很高。另一個有趣現象是：艙等 1 的平均存活率有 6 成 3，但艙等 1 的男性存活率卻只有 3 成 7，甚至低於艙等 3 女性的 0.5。這表示當時在鐵達尼號的女生是比較受到保護的；也說明不只羅絲活了下來，很多女生都活了下來。透過數據的分析，我們也約略感受到當時的情景。

範例 30　船艙等級、性別和存活間的關係（一）

▌ 程式碼

```
df.groupby(['sex','pclass'])['survived'].mean().unstack('pclass').round(2)
```

▌ 執行結果

pclass	1	2	3
sex			
female	0.97	0.92	0.50
male	0.37	0.16	0.14

方法二：用 pivot_table() 來做

範例 31　船艙等級、性別和存活間的關係（二）

▌ 程式碼

```
df.pivot_table(index='sex', columns='pclass',
               values='survived', aggfunc='mean').round(2)
```

▌ 執行結果

pclass	1	2	3
sex			
female	0.97	0.92	0.50
male	0.37	0.16	0.14

結果與範例 30 相同，這裡要注意的是有一個叫 values 的參數，用來代表我們要取哪個欄位來做資料彙總的計算。在本例我們是取 survived 這個欄位來做平均值。這個語法同樣提供給大家參考。

範例 32 　將範例 30 的執行結果繪製成圖

▌程式碼

```
df.groupby(['sex','pclass'])['survived'].mean().unstack('pclass').plot
(kind='bar', rot=0)
```

▌執行結果

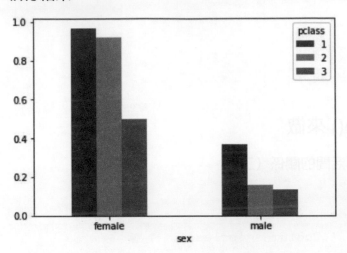

透過圖形更可看見，在三個艙等裡，女性的存活率都高於男性，而男女存活率也隨著船艙等級而遞減。是不是從圖形觀察可以更快得到想要的資訊？因為大腦對圖像的反應遠大於文字，因此一個好的分析報告，會用許多的圖形來做呈現。

12-6   年紀對存活率的影響

　　另一個我們會想了解的是年紀與存活率的關係。和之前變數不同的是，年紀是連續型的變數，自然不用 groupby() 來分群。因此，我們用存活率將資料分成兩組，再畫直方圖或箱型圖來了解這兩組資料之間的差異。先來了解單一變數「年紀」的情況。

範例 33 　年紀的基本資料描述

▌程式碼

```
df['age'].describe()
```

執行結果

```
count     891.000000
mean       29.699118
std        13.002015
min         0.420000
25%        22.000000
50%        29.699118
75%        35.000000
max        80.000000
Name: age, dtype: float64
```

由執行結果可以得知，最小（min）0.42 應該是嬰兒，最老（max）的是 80 歲，平均（mean）約 30 歲。

範例 34　用箱形圖來檢視年紀

程式碼

```
df['age'].plot(kind='box')
```

執行結果

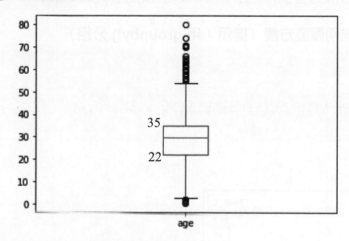

約 5 成集中在 22 到 35 歲左右。

範例 35　用直方圖來看整體年紀分佈圖

程式碼

```
df['age'].plot(kind='hist',bins=30,alpha=0.8)
```

執行結果

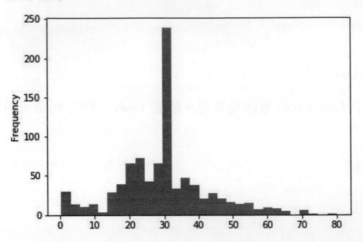

透過這個圖，我們才能發現 0 到 10 歲也有一群人，這應該是家庭旅遊。這是箱形圖所看不出來的。特別是 0 到 2 歲的小朋友還蠻多的。另外，30 歲左右是最多人的。

範例 36　將年紀依是否存活畫成兩個直方圖（提示：用 **groupby()** 分組）

程式碼

```
df.groupby('survived')['age'].plot(kind='hist', alpha=0.6,
bins=30, legend=True);
```

執行結果

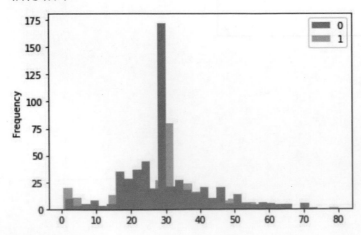

分析程式碼，我們先將資料用 groupby('survived') 分成兩組，再取出 'age' 的欄位，再執行畫圖，我自己很常用這個技巧。其中 legend=True 才有 0 和 1 的標示。從執行結果我們發現：1. 幼兒 (age<5) 的存活較大。2. 大部分年輕人沒存活（age 在 15-25 之間）。

　　同樣的，上面的圖形是用總數來比較，如果說死亡和人數的數目差距太大時，這個結果就不具太大的意義，因此我們要做正規化的動作來除以總數。plot() 裡，我們只要加 density=True 就會自動產生百分比的值。用範例 37 實作一次。

範例 37　將範例 36 的執行結果換成百分比來比較（提示：在 **plot** 裡的參數將 **density=True**）

▌ 程式碼

```
df.groupby('survived')['age'].plot(kind='hist',
                    alpha=0.6, bins=30, legend=True, density=True);
```

▌ 執行結果

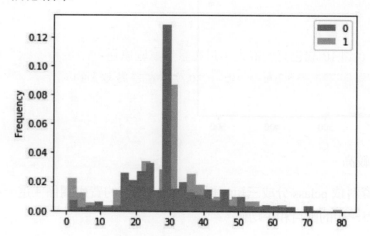

12-7 費用與存活率的關係

既然艙等與存活率有關,我們自然會假設票價費用較高者,存活率也愈高。

範例 38   費用與存活率的關係

▎程式碼

```
df.groupby('survived')['fare'].plot(kind='hist',
                                    alpha=0.6, bins=10, legend=True);
```

▎執行結果

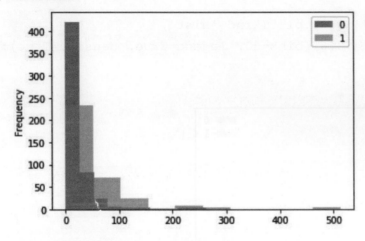

結果的確是費用高的存活率較高。

接下來我們用 groupby() 將資料依 pclass 分成三組,再來看個別艙等的費用關係。這一次我們用 agg() 函數同時檢查每一組的數目和平均值。

範例 39　艙等和費用的關係

▌ 程式碼

```
df.groupby('pclass')['fare'].agg(['size','mean'])
```

▌ 執行結果

pclass	size	mean
1	216	84.154687
2	184	20.662183
3	491	13.675550

結果的確是艙等 1 的船票價位最高，艙等 3 的船票價格最低。而艙等 3 的人數最多，為 491 人。

範例 40　將範例 38 的執行結果用箱形圖表示（因為不能用 **groupby()** 畫，只能用下式）

▌ 程式碼

```
df.boxplot(by='pclass', column='fare');
```

▌ 執行結果

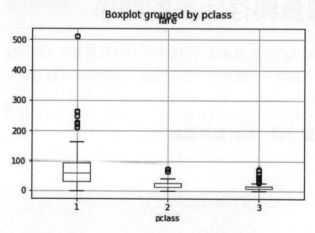

大致上可看出：艙等越好，價位越高。

範例 41 用 seaborn 畫上例，並將 hue 設為 'survived'，透過 hue 的設定，資料可再細分成兩組，即是否存活。還記得嗎？在 seaborn 這個套件裡面，我們用的參數是 x 跟 y

┃ 程式碼

```
sns.boxplot(x="pclass", y="fare", hue='survived', data=df)
```

┃ 執行結果

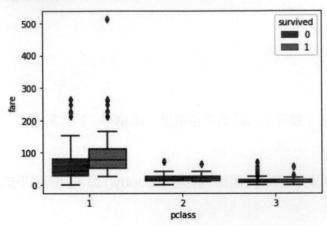

從圖形發現，在艙等 1 裡又有不同的票價，活下來的人，其票價又更高。

12-8　父母孩子的數量與存活率的關係

這個猜測會有兩種可能：第一種，有家人的比較容易活，因為有人可以互相幫忙。第二種，有家人的反而比較不容易活，因為自己不會獨活，反而全死。各位讀者，你覺得哪一種可能性比較合理？

範例 42 將資料依存活與父母孩子數量分組，並計算其個數

┃ 程式碼

```
df.groupby(['survived','parch']).size().unstack(1)
```

▌ 執行結果

parch	0	1	2	3	4	5	6
survived							
0	445.0	53.0	40.0	2.0	4.0	4.0	1.0
1	233.0	65.0	40.0	3.0	NaN	1.0	NaN

首先我們觀察到，當 parch 的值大於等於 3 的時候，其人數是相較稀少的。因此我們將焦點就放在 parch 為 0~2 之間。觀察發現，parch 的值是 0 的時候，存活人數較少，而當 parch 值為 1 的時候，存活率稍微高一點點，而當 parch 為 2 的時候，存活率就一半一半。因此我們勉強可以推估，當有一位家人的時候，存活率是比較高的。

範例 43　parch 人數的存活百分比

▌ 程式碼

```
df.groupby('parch')['survived'].mean()
```

▌ 執行結果

```
parch
0    0.343658
1    0.550847
2    0.500000
3    0.600000
4    0.000000
5    0.200000
6    0.000000
Name: survived, dtype: float64
```

雖然 parch 為 3 的存活最高，但其實樣本數只有 5 位。我們會說，樣本的代表性不足。

範例 44　同時繪製 **parch** 分組個數和平均值，並分成兩個圖（一）（提示：在 **plot** 的參數要加 **subplots=True**）

▌程式碼

```
df.groupby('parch')['survived'].agg(['size','mean']).\
plot(kind='bar', subplots=True);
```

▌執行結果

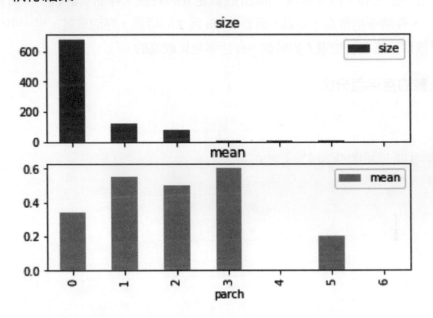

　　這個範例主要教大家如何做兩個子圖。而從上半部圖形來看，可以發現絕大部分的 parch 數值都在 0 的範圍。

　　範例 44 有另一種圖形表達方式。因為這兩個圖的單位大小不同，因此另一種做法是創造出另一個不同單位的 y 軸，用 secondary_y='mean' 來表示第二軸要放的是平均值。第一軸依然為人數。實作請看範例 45。

範例 45　同時繪製 parch 分組個數和平均值，並分成兩個圖（二）

▌ 程式碼

```
df.groupby(['parch'])['survived'].agg(['size','mean']).\
 plot(kind='bar', secondary_y='mean', width=0.7)
```

▌ 執行結果

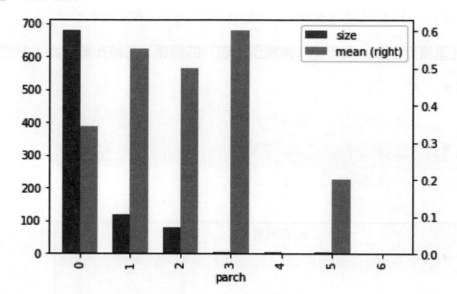

12-9　費用與年紀的關係

　　一般人直覺會認為年紀愈小，能支付的錢就愈少；但也有可能因為年紀小，所以支付的人並非是自己而是照顧者，因此支付金額較高，這兩種情形都有可能發生。因為費用和年紀均為數值資料，因此用散佈圖繪製。

　　在範例 46 中用 scatter plot 將 alpha 設 0.3 更可以看出資料的集中度。首先是 38 歲的有幾筆的費用是最高，40 歲以下價位低的密度最高（點愈密集），表示人數也最多。

範例 46　費用（連續型變數）與年紀（連續型變數）的關係，在散布圖裡面，我們用的是參數 x 跟 y

▌ 程式碼

```python
df.plot(kind='scatter', x = 'age', y= 'fare', alpha=0.3, figsize=(8,5))
```

▌ 執行結果

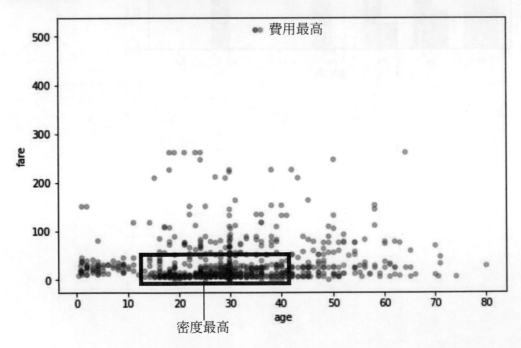

範例 **47**　將範例 **46** 的 **y** 值範圍設在 **0** 到 **200** 之間

▌ 程式碼

```
ax = df.plot(kind='scatter', x = 'age', y= 'fare', alpha=0.3, figsize=(8,5))
ax.set_ylim(0,200);
```

▌ 執行結果

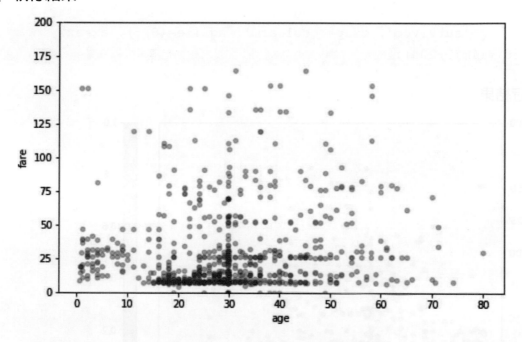

這樣更清楚看見，20-30 歲區間絕大部分都是最低價的船票。

接下來要將範例 47 的執行結果，再依資料存活與否來上色。如果要將資料依存活與否來上色，c = 'survived', 調色盤 cmap='coolwarm'。

範例 48　**請將範例 47 的執行結果，再依資料存活與否來上色**

▎ 程式碼

```
fig, ax = plt.subplots()  # 不知爲何 x 軸的數字不見了，加這一行就可解決。
df.plot(kind='scatter', x = 'age', y= 'fare', alpha=0.5,
        c='survived', cmap='coolwarm', figsize=(8,5), ax=ax)
ax.set_ylim(0,200);
```

▎ 執行結果

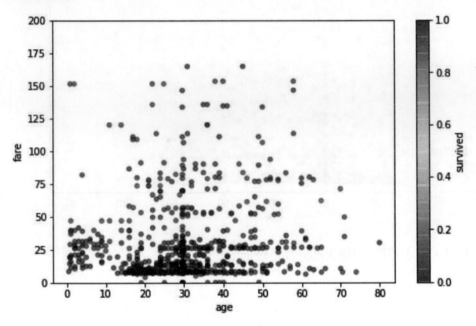

這裡觀察到兩個有趣的現象：1. 年紀小的紅點密度較高，表示存活較高，2. 有錢的存活較高，因爲紅色普遍高於藍色點。

12-10　章末習題

1.　請分析艙等和年紀的關係。

　　(1)　請分析艙等個數和艙等內人員年紀的平均值（提示：類別型資料和連續型資料）。

　　(2)　承上，請畫圖說明。請用兩個不同單位的 y 座標軸。

2.　請計算每個出發地的人數。

　　(1)　請表列出出發地與存活的關係（提示：類別型資料和類別型資料）。

　　(2)　承上做圖。

3.　探討兄姐和夫妻的數量與存活率的關係。

　　(1)　請繪製成表格。

　　(2)　請探討艙等和父母孩子數的關係（提示：類別型資料和類別型資料）。

第 13 章

pandas
——系所生源分析

本章的重點是教大家如何從 Excel 裡面讀取不同的工作表，並整合成一個 DataFrame。在資料處理的過程中，我們往往會把資料放在不同的檔案裡，如何將這些檔案合併起來成為一個 DataFrame 來做分析是非常重要的。我還記得幫某家醫院做資料分析，他們的檔案就散落在將近 20 個零碎的小檔案裡面，為了將這些檔案整個彙總起來，著實花了一段時間。本章我們使用的例子是大學生入學人數的資料。

隨著少子化的問題逐年加劇，大專院校對於其學生來源的了解變得更加重要；因為透過了解，大專院校能知道應該去哪些學校宣傳，並了解其高中端的學生來源。

本章重點：

- 從不同的 Excel 工作表（sheets）裡匯入資料；
- 如何將不同資料用 pd.concat() 來連結；
- 如何透過 pd.merge() 將不同資料表用 keys 來連結，其效果就像 Excel 裡的 vlookup。

首先，我們匯入所需的資料和套件。

▌程式碼

```
import pandas as pd
import numpy as np
import matplotlib.pyplot as plt
import seaborn as sns
%matplotlib inline
```

13-1　載入資料

在本章中主要使用的案例檔案為 students.xls，其中有三個工作表，分別是 ['105 級 ', '106 級 ', '107 級 ']。我們先做串列，裡面有 ['105 級 ', '106 級 ', '107 級 ']，下載檔案到工作目錄的方式可見第一章 Jupyter Notebook 的介紹。

範例 1 製作文字串列 ['105 級 ', '106 級 ', '107 級 ']

▌程式碼

```
year = [str(i)+' 級 ' for i in range(105,108)]
year
```

▊ 執行結果

```
['105 級 ', '106 級 ', '107 級 ']
```

接下來用 pd.read_excel() 裡的 sheet_name 參數，選到不同工作表裡的資料。在本案例裡有三個工作表（sheet），分別是 ['105 級 ', '106 級 ', '107 級 ']，讀進來後存放到 year_1 串列裡。

範例 2 將資料從 Excel 裡不同的工作表讀入

▊ 程式碼

```
year_l = []
for sheet_name in year:
    df = pd.read_excel('students.xls', sheet_name=sheet_name)
    year_l.append(df)
print(len(year_l))
```

▊ 執行結果

```
3
```

然後用 pd.concat() 將三組不同資料放在同一 DataFrame，其中 ignore_index=True 表示不用去理會原本的索引鍵。資料包括：入學年份、名字、性別、畢業學校和入學管道。

▊ 程式碼

```
df = pd.concat(year_l, ignore_index=True)
df.head()
```

▊ 執行結果

	入學年份	名字	性別	畢業學校	入學管道
0	105	邱同學	女	高中1	轉學考試
1	105	李同學	女	高中2	轉學考試
2	105	呂同學	男	高中3	轉學考試
3	105	羅同學	男	高中2	轉學考試
4	105	蔣同學	男	高中4	甄選入學(繁星推薦)

13-2　基本資料分析

範例 3 各入學年份的人數分析，從這個結果我們就可以看到各學年的人數狀況

▌ **程式碼**

```
df[' 入學年份 '].value_counts(sort=False)
```

▌ **執行結果**

```
105     50
106     41
107     54
Name: 入學年份 , dtype: int64
```

因 value_count 會依值的大小排序，加入 sort=False 是爲了不讓它排序。

範例 4 將範例 3 的執行結果繪製成圖

▌ **程式碼**

```
# 這一行能解決中文無法顯示
plt.rcParams['font.sans-serif'] = ['DFKai-sb']
# 這一行能讓字體變得清晰
%config InlineBackend.figure_format = 'retina'
ax = df[' 入學年份 '].value_counts(sort=False).plot(kind='bar',rot=0)
ax.set_title(' 每學年總人數 ')
ax.set_ylabel(' 人數 ')
ax.set_xlabel(' 入學年份 ');
```

▌ **執行結果**

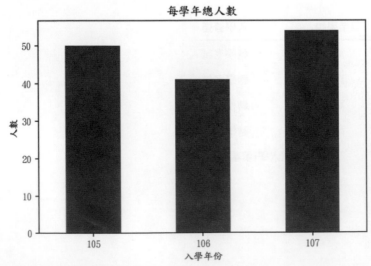

繼續分析學生的資料，將資料依年份和男女分成六組，再計算其個數。

範例 5 各年份的男女生人數

▌ **程式碼**

```
df.groupby([' 入學年份 ',' 性別 ']).size().unstack(1)
```

▌ **執行結果**

性別 入學年份	女	男
105	34	16
106	19	22
107	24	30

從資料可以看出，105 級的女生多，之後兩年都是男生多，用圖表看會更清楚。

範例 6 將各年的男女生人數畫圖

▌ **程式碼**

```
df.groupby([' 入學年份 ',' 性別 ']).size().unstack(1).plot(kind='bar')
```

▌ **執行結果**

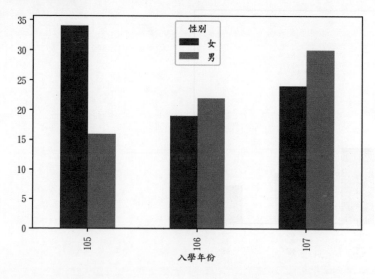

接下來了解一下，學生大多來自於哪幾所高中。

範例 7 入學高中分析

▌ **程式碼**

```
df[' 畢業學校 '].value_counts().head()
```

▌ **執行結果**

```
高中 38      16
高中 48       6
高中 37       6
高中 5        4
高中 4        3
Name: 畢業學校 , dtype: int64
```

從執行結果觀察出，學生畢業自高中 38 的人數最多。

範例 8 將範例 7 的執行結果繪製成圖

▌ **程式碼**

```
df[' 畢業學校 '].value_counts().head().plot(kind='bar')
```

▌ **執行結果**

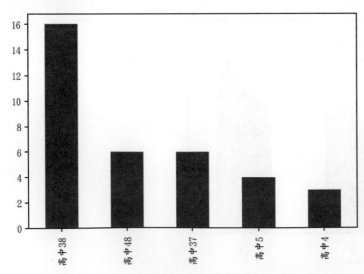

高中畢業生可透過多元入學管道進入大學就讀，那麼，學生究竟是來自哪些管道呢？

範例 9 入學管道分析（提示：用 **to_frame()** 將 **Series** 變成 **DataFrame** 排版會比較好看）

程式碼

```
df[' 入學管道 '].value_counts().to_frame()
```

執行結果

	入學管道
大學聯考/考試入學	47
甄選入學(個人申請)	43
交換生	16
轉學考試	12
甄選入學(繁星推薦)	10
運動績優生	8
外籍生申請入學	6
身心障礙甄試	2
僑生分發	1

從執行結果觀察出，學生來自於大學聯考的人數最多，為 47 人；其次是個人申請，有 43 人。

範例 10 　將範例 9 的執行結果繪製成圖

▍程式碼

```
df['入學管道'].value_counts().plot(kind='bar')
```

▍執行結果

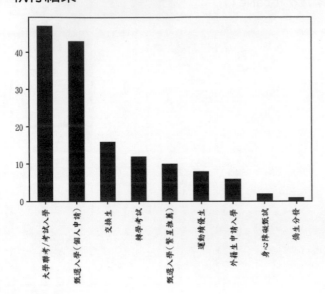

13-3　交叉分析

範例 11 　針對不同年份和入學管道做人數分析

▍程式碼

```
df.groupby(['入學年份','入學管道']).size().unstack(1)
```

▍執行結果

入學管道 入學年份	交換生	僑生分發	外籍生申請入學	大學聯考/考試入學	甄選入學(個人申請)	甄選入學(繁星推薦)	身心障礙甄試	轉學考試	運動績優生
105	9.0	1.0	2.0	14.0	12.0	5.0	NaN	4.0	3.0
106	7.0	NaN	1.0	8.0	12.0	3.0	NaN	7.0	3.0
107	NaN	NaN	3.0	25.0	19.0	2.0	2.0	1.0	2.0

範例 12　承範例 11，用 pivot_table 來做分析

程式碼

```
df.pivot_table(index=' 入學年份 ',columns=' 入學管道 ',aggfunc='size')
```

執行結果

入學管道 入學年份	交換生	僑生分發	外籍生申請入學	大學聯考/考試入學	甄選入學(個人申請)	甄選入學(繁星推薦)	身心障礙甄試	轉學考試	運動績優生
105	9.0	1.0	2.0	14.0	12.0	5.0	NaN	4.0	3.0
106	7.0	NaN	1.0	8.0	12.0	3.0	NaN	7.0	3.0
107	NaN	NaN	3.0	25.0	19.0	2.0	2.0	1.0	2.0

範例 13　承範例 12，將執行結果繪製成圖

程式碼

```
df.groupby([' 入學年份 ',' 入學管道 ']).size().unstack(1).\
plot(kind='bar',figsize=(12,4),rot=0,width=0.8)
```

執行結果

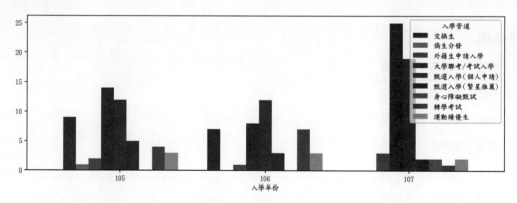

可以看出不同年份的入學管道差異。

13-4　合併不同 DataFrame

原本的 DataFrame 並沒有這些高中的所在地點，於是我們另外建一個資料表來對照高中和地點的關係。資料仍在同一個 Excel 檔案裡，但放在「學校地區表」工作表中，裡面註明了學校和地區的關係。

資料會這麼分開存放是有道理的。因為如果每一個學生都要額外去記錄學校名稱的地區，似乎不太合理，畢竟這並非主要的資訊。比較合理的方式，是用類似查表的方式，透過學校名稱當成索引，去取到學校的地點。

接下來我們要用畢業學校作為索引鍵，將學校對應的地名放在同一個 DataFrame 中。

在原本的 DataFrame 要做索引合併的欄位是「畢業學校」，left_on=' 畢業學校 '；在新 DataFrame 裡叫「學校」，right_on=' 學校 '。這就是兩邊合併要用的索引鍵，用 merge() 將兩個 DataFrame 合併起來。

範例 14　先載入學校地點資訊（「學校地區表」資料表裡有學校對應到的縣市和對應到的地區）

▌程式碼

```
df_address = pd.read_excel('students.xls', sheet_name=' 學校地區表 ')
df_address.head()
```

▌執行結果

	學校	縣市	地區
0	高中48	新竹市	桃竹苗
1	高中45	新竹市	桃竹苗
2	高中5	新竹市	桃竹苗
3	高中36	桃園市	桃竹苗
4	高中4	新竹市	桃竹苗

範例 15 將兩個 **DataFrame** 合併

▌ 程式碼

```
total_df = df.merge(df_address, how='left', left_on='畢業學校', right_on='學校')
total_df.head()
```

▌ 執行結果

	入學年份	名字	性別	畢業學校	入學管道	學校	縣市	地區
0	105	邱同學	女	高中1	轉學考試	高中1	新竹縣	桃竹苗
1	105	李同學	女	高中2	轉學考試	高中2	新竹縣	桃竹苗
2	105	呂同學	男	高中3	轉學考試	NaN	NaN	NaN
3	105	羅同學	男	高中2	轉學考試	高中2	新竹縣	桃竹苗
4	105	蔣同學	男	高中4	甄選入學(繁星推薦)	高中4	新竹市	桃竹苗

在程式碼中，df 是原本的 DataFrame，df_address 是學校對應縣市的資訊，用 merge() 將兩個 DataFrame 合併，參數 how='left' 表示維持原本的 df 不變，要將 df_address 的資料一一對應套入。

從執行結果會發現，「畢業學校」和「學校」兩個欄位資料是相同的，因為是合併鍵。新加兩個欄位分別是縣市和地區。這就是我們要的結果。其中的「地區」是較大的劃分範圍，而「縣市」是比較細的劃分範圍。

接下來我們可以檢視合併後的資料。

範例 16 檢查 **total_df** 有沒有遺漏值

▌ 程式碼

```
total_df.isnull().sum()
```

▌ 執行結果

```
入學年份        0
名字          0
性別          0
畢業學校        0
入學管道        0
學校         33
縣市         33
地區         33
dtype: int64
```

從執行結果得知，遺漏值共有 33 筆，這些學生可能是轉學生或僑生等，才沒有對應的縣市。

範例 17 學生主要來自於哪些縣市

▌ 程式碼

```
total_df[' 縣市 '].value_counts().head()
```

▌ 執行結果

```
桃園市    22
新竹市    20
苗栗縣    13
新北市     9
台南市     8
Name: 縣市 , dtype: int64
```

原本的資料並沒有地區縣市的資訊，透過資料的合併，我們就多了這個欄位可以來做資料的分析。

範例 18 承範例 17，請繪製成圖

▌ 程式碼

```
total_df[' 縣市 '].value_counts()[:10].plot(kind='bar',figsize=(10,4),rot=0)
```

▌ 執行結果

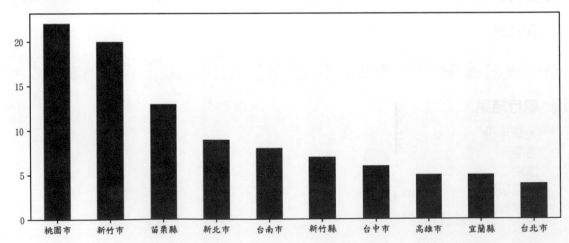

範例 19　學生主要來自於哪些地區

▋ 程式碼

```
total_df['地區'].value_counts()
```

▋ 執行結果

```
桃竹苗      62
北北基      16
雲嘉南      10
中彰投       9
高屏        7
宜花東       7
澎金馬       1
Name: 地區, dtype: int64
```

範例 20　承範例 19，請繪製成圖

▋ 程式碼

```
total_df['地區'].value_counts().plot(kind='bar',figsize=(10,4),rot=0)
```

▋ 執行結果

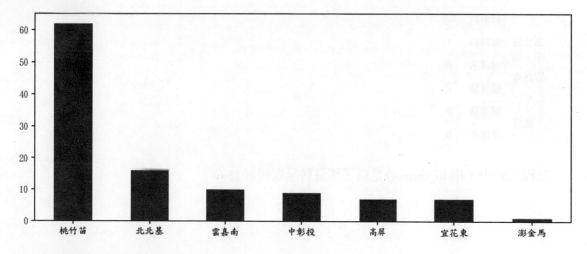

來自於桃竹苗的學生最多。

範例 21 將地區再細分成縣市來計算個數

▌ 程式碼

```
total_df.groupby(['地區','縣市']).size().to_frame()
```

▌ 執行結果

地區	縣市	0
中彰投	南投縣	1
	台中市	6
	彰化縣	2
北北基	台北市	4
	基隆市	3
	新北市	9
宜花東	台東縣	1
	宜蘭縣	5
	花蓮縣	1
桃竹苗	新竹市	20
	新竹縣	7
	桃園市	22
	苗栗縣	13
澎金馬	澎湖縣	1
雲嘉南	台南市	8
	雲林縣	2
高屏	屏東縣	2
	高雄市	5

在程式碼中，用 to_frame() 是為了讓資料呈現較好看。

範例 22　針對不同年份和不同入學地區做分析

▌程式碼

```
total_df.groupby(['入學年份','地區']).size().unstack(1)
```

▌執行結果

地區	中彰投	北北基	宜花東	桃竹苗	澎金馬	雲嘉南	高屏
入學年份							
105	1.0	7.0	2.0	22.0	1.0	2.0	2.0
106	1.0	1.0	1.0	21.0	NaN	2.0	NaN
107	7.0	8.0	4.0	19.0	NaN	6.0	5.0

範例 23　承範例 22，請將執行結果繪製成圖

▌程式碼

```
total_df.groupby(['入學年份','地區']).size().\
unstack(1).plot(kind='bar',figsize=(10,4),rot=0)
```

▌執行結果

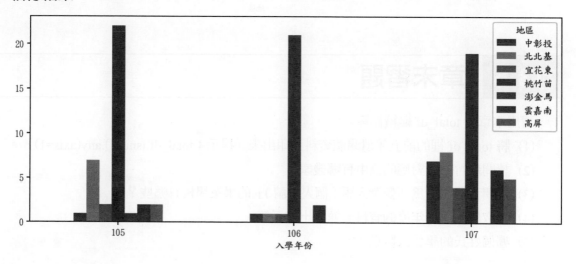

為了了解不同地區在不同年份裡的學生人數變化分析。我們將範例 23 執行結果中的地區放在 x 軸，這樣子的呈現方式更容易了解不同地區隨著年份的變化趨勢。

範例 24 承範例 **23**，但要將地區放在 **x** 軸（提示：將 **unstack()** 裡的參數設為 **0** 即可）

▌ 程式碼

```
total_df.groupby([' 入學年份 ',' 地區 ']).size().\
unstack(0).plot(kind='bar',figsize=(10,4),rot=0)
```

▌ 執行結果

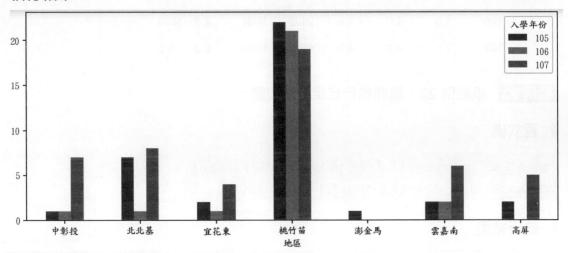

13-5　章末習題

1. 請用本章的 total_df 繼續作答。

   (1) 將 total_df 裡的前五筆遺漏值資料列印出來（提示：total_df.isnull().any(axis=1)）。

   (2) 請問新竹市所對應的高中有哪幾家？

   (3) 請問入學管道為「甄選入學 (個人申請)」的畢業學校有哪些？

   (4) 請取出 107 學年度的資料，並列出前五筆。

   (5) 哪個姓氏的學生人數最多。

第 14 章
pandas
——業務銷售分析

我們來模擬一個情境：你是業務部門的主管。

老闆：「你們今年表現得如何？」

你：「還不錯！」

老闆問：「跟去年比如何？」

你：「差不多。」

老闆又問：「今年你們部門裡哪個單位賣最好？哪個最差？」

你：「嗯……好像都差不多。」

老闆又問：「今年的四個產品裡，哪個賣最好？哪個最差？」

你：「嗯……我想想，應該是第四個最差，最好的我還不清楚。」

老闆：「那你覺得自己現在表現如何？」

你心裡一驚：「完了！」

這個業務主管的未來會如何？接下來的這個世紀，能夠將資料分析並回答問題才是王道！用 Excel 來做，太慢！我們用 Python。學會之後，你會贏得老闆的尊敬。本章將教你如何分析各業務部門的資料。另外，本章會教你如何將 pandas 結果美美的輸出到 Excel。

本章學習重點：

- 如何將 DataFrame 裡的最大值標記出來。
- 如何用柱狀圖來標記 DataFrame 裡的數值。
- 用 applymap() 來修改 DataFrame 裡的資料格式。
- 樞紐表的向右和向下加總。
- 樞紐表的百分比。
- groupby().apply(lambda)。
- DataFrame 裡的日期格式：dt.year, dt.month, dt.quarter。

先將案例引入：

▌程式碼

```
import pandas as pd
import numpy as np
import matplotlib.pyplot as plt
import seaborn as sns
%matplotlib inline
```

14-1 業務單位的分析

　　首先，我們調出記錄著不同的業務員在哪一天，賣了什麼產品、數量以及金額是多少的資料。

範例 1 載入資料，並檢查前五筆資料，因為檔案格式是 csv，因此我們用 read_csv() 函數讀取資料

程式碼

```
sales = pd.read_csv('sales.csv')
sales.head()
```

執行結果

	銷售日期	業務單位	業務員	性別	銷售產品	銷售數量	銷售金額
0	2013-01-03	業務3	Mary	男	手機	1084	79291
1	2013-01-06	業務3	Allen	男	手機	620	107992
2	2013-01-08	業務3	Sam	男	手機	2201	91219
3	2013-01-08	業務3	Mary	男	平板	1301	86219
4	2013-01-09	業務2	Peter	男	手機	1331	79836

範例 2 檢查資料的資料型態

程式碼

```
sales.info()
```

執行結果

```
<class 'pandas.core.frame.DataFrame'>
RangeIndex: 896 entries, 0 to 895
Data columns (total 7 columns):
銷售日期     896 non-null object
業務單位     896 non-null object
業務員      896 non-null object
性別       896 non-null object
銷售產品     896 non-null object
銷售數量     896 non-null int64
銷售金額     896 non-null int64
dtypes: int64(2), object(5)
memory usage: 49.1+ KB
```

結果發現，除了銷售數量和金額為整數，其餘皆為字串。這裡需要轉換的是日期欄位，之後會介紹。

範例 3 各業務單位的人數（提示：用 **groupby().size()** 可觀察每個業務單位有多少資料）

▊ 程式碼

```
sales.groupby(' 業務單位 ').size()
```

▊ 執行結果

```
業務單位
業務 1    228
業務 2    228
業務 3    232
業務 4    208
dtype: int64
```

這個輸出效果跟 value_counts() 一樣，讀者可自行實驗。

範例 4 請計算出不同業務單位的銷售總金額（提示：類別分組和連續分析。先依不同業務單位分組，再取出銷售金額的欄位，最後做加總。）

▊ 程式碼

```
sales.groupby(' 業務單位 ')[' 銷售金額 '].sum()
```

▊ 執行結果

```
業務單位
業務 1    41849234
業務 2    18533423
業務 3    17242096
業務 4    18242087
Name: 銷售金額 , dtype: int64
```

範例 5　不同業務單位的銷售總金額和銷售總數量

▌ 程式碼

```
sales.groupby(' 業務單位 ')[[' 銷售數量 ',' 銷售金額 ']].sum()
```

▌ 執行結果

業務單位	銷售數量	銷售金額
業務1	2901936	41849234
業務2	3063210	18533423
業務3	2979484	17242096
業務4	2935313	18242087

範例 6　將銷售總金額和銷售總數量最大值加註顏色（提示：做法是將上式再加 .style.highlight_max() 即可）

▌ 程式碼

```
sales.groupby(' 業務單位 ')[[' 銷售數量 ',' 銷售金額 ']].sum().\
style.highlight_max() # 加這一行可標註最大值，預設是 axis=0
```

▌ 執行結果

業務單位	銷售數量	銷售金額
業務1	2901936	41849234
業務2	3063210	18533423
業務3	2979484	17242096
業務4	2935313	18242087

從執行結果得知，銷售數量最高是「業務 2」；銷售金額最高是「業務 1」。

範例 7 將銷售總金額和銷售總數量最小值加註顏色

▌ 程式碼

```
sales.groupby(' 業務單位 ')[[' 銷售數量 ',' 銷售金額 ']].sum().\
style.highlight_min()
```

▌ 執行結果

業務單位	銷售數量	銷售金額
業務1	2901936	41849234
業務2	3063210	18533423
業務3	2979484	17242096
業務4	2935313	18242087

看出來了嗎？就是將範例 6 的最大值的部分換成取最小值的方法 style.highlight_min()，老闆就可以拿這個值來檢討業務單位。

範例 8 只標註銷售金額欄位的最大值（提示：在參數加 subset=' 銷售金額 '，color='red' 改成紅色）

▌ 程式碼

```
sales.groupby(' 業務單位 ')[[' 銷售數量 ',' 銷售金額 ']].sum().\
style.highlight_max(subset=' 銷售金額 ', color='red')
```

▌ 執行結果

業務單位	銷售數量	銷售金額
業務1	2901936	41849234
業務2	3063210	18533423
業務3	2979484	17242096
業務4	2935313	18242087

範例 9 　橫向比較取最大值，並標記顏色（提示：用參數 axis=1）

▌ 程式碼

```
sales.groupby('業務單位')[['銷售數量','銷售金額']].sum().\
style.highlight_max(axis=1)
```

▌ 執行結果

業務單位	銷售數量	銷售金額
業務1	2901936	41849234
業務2	3063210	18533423
業務3	2979484	17242096
業務4	2935313	18242087

很明顯的，銷售金額的值都大於銷售數量的值。

範例 10 　請將數值用柱狀圖來呈現（提示：用 style.bar()）

▌ 程式碼

```
sales.groupby('業務單位')[['銷售數量','銷售金額']].sum().\
style.bar()
```

▌ 執行結果

業務單位	銷售數量	銷售金額
業務1	2901936	41849234
業務2	3063210	18533423
業務3	2979484	17242096
業務4	2935313	18242087

這也太方便了吧！

範例 11　請將範例 10 的執行結果繪製成圖

程式碼

```
plt.rcParams['font.sans-serif'] = ['DFKai-sb']
%config InlineBackend.figure_format = 'retina'
sales.groupby(' 業務單位 ')[[' 銷售數量 ',' 銷售金額 ']].sum().plot(kind='bar')
```

執行結果

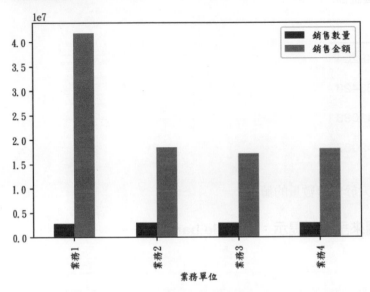

在程式碼中，因為要以中文顯示，所以要先加以下兩行

```
plt.rcParams['font.sans-serif'] = ['DFKai-sb']
%config InlineBackend.figure_format = 'retina'
```

在執行結果中會發現，因為 [' 銷售數量 ',' 銷售金額 '] 的大小不同，因此銷售數量的差異幾乎看不見。最好的方式，是讓圖中有兩個不同單位的 y 軸，如範例 12 所示。

範例 12 在範例 11 的執行結果中加一個 y 座標軸，參數用的是 **secondary_y**

▌ **程式碼**

```
sales.groupby(' 業務單位 ')[[' 銷售數量 ',' 銷售金額 ']].sum().\
plot(kind='bar', secondary_y=' 銷售金額 ',figsize=(8,4))
```

▌ **執行結果**

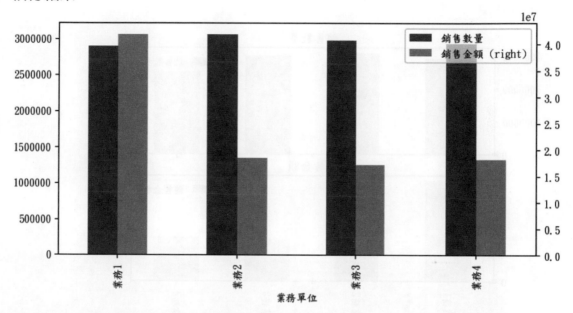

這樣一來，可以看到業務單位 1 賣的量跟大家差不多，但卻賣出最多錢。為什麼呢？其實沒有為什麼，因為這是我虛構的資料。

範例 13 　承範例 11，用兩個子圖來呈現銷售數量和銷售金額（提示：只要加參數 subplots=True）

▌ 程式碼

```
sales.groupby(' 業務單位 ')[[' 銷售數量 ',' 銷售金額 ']].sum().\
plot(kind='bar', subplots=True);
```

▌ 執行結果

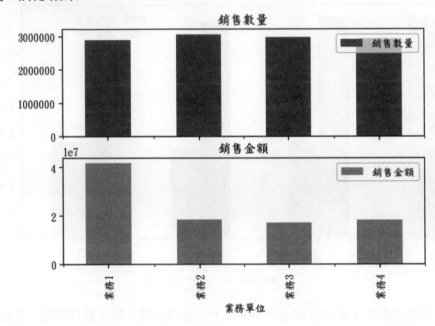

範例 12 和範例 13 將兩種呈現銷售數量和銷售金額的方法都介紹給大家。

14-2　業務單位裡的業務員銷售分析

範例 14　不同業務單位裡的不同業務員之銷售總金額（提示：用 **[[' 銷售金額 ']]** 能將資料轉換成 DataFrame，輸出結果是一個二階層列索引鍵的 **DataFrame**）

▌程式碼

```
sales_df = sales.groupby([' 業務單位 ',' 業務員 '])[[' 銷售金額 ']].sum()
sales_df
```

▌執行結果

業務單位	業務員	銷售金額
業務1	John	8478300
	Jorden	9412480
	Terry	14141090
	Thomas	9817364
業務2	Alisa	3440513
	Eric	5552115
	Peter	4482221
	Roger	5058574
業務3	Allen	5356577
	Mary	2817989
	Sam	3506904
	Steve	5560626
業務4	Chris	4068670
	Coby	4947153
	Robin	3862438
	Simon	5363826

將資料輸出到 Excel

很多時候我們會需要將報表輸出到 Excel 去，因為我們的同事或主管不見得能讀取 Python 的結果，但他們一定能讀取 Excel 的檔案。因此在這個單元將示範如何將資料存到 Excel 裡。如何將 Python 與 Excel 結合的內容是足以寫一本書的，本單元著重在展示 pandas 能做到的功能。

範例 15 將 sales_df 寫入到 Excel（提示：用 to_excel() 的方法）

▍程式碼

```
sales_df.to_excel(' 分析結果 .xlsx')
```

▍執行結果

	A	B	C
1	業務單位	業務員	銷售金額
2	業務1	John	8478300
3		Jorden	9412480
4		Terry	14141090
5		Thomas	9817364
6	業務2	Alisa	3440513
7		Eric	5552115
8		Peter	4482221
9		Roger	5058574
10	業務3	Allen	5356577
11		Mary	2817989
12		Sam	3506904
13		Steve	5560626
14	業務4	Chris	4068670
15		Coby	4947153
16		Robin	3862438
17		Simon	5363826

在程式中用 to_excel() 的方法就能直接將結果寫出到 Excel 裡了，這是最簡單的方法；但如果要進階控制，譬如：不同工作表、控制欄的寬度，就會麻煩一點。寫入之後，你在 Jupyter Notebook 的工作目錄裡就能看到多了一個名為「分析結果」的 Excel 檔。如果你認為 pandas 只能做到上面的程度，那就錯了。接下來還有不同的應用。

我們會希望能將範例 15 執行結果中的資料依業務 1 到業務 4 分成四個工作表輸出，畢竟有時我們希望只看到自己業務單位的表現。第一步，要先能取到不同業務單位的名稱。我們用的是 index，但因為它有兩個層級的索引，所以要再設定 levels[0]。

範例 16 將資料依照不同業務單位存放到不同的工作表，步驟一，建立業務單位名稱索引

▌程式碼

```
sales_df.index.levels[0]
```

▌執行結果

```
Index(['業務 1', '業務 2', '業務 3', '業務 4'], dtype='object',
name='業務單位')
```

　　接下來，我們要先產生一個 writer 物件讓 to_excel() 來使用，如範例 17。如果不這麼做，Excel 檔每次都會被覆蓋。再來進行 for 迴圈，取出各業務單位資料 sales_df.loc[i] 輸出到 Excel，但要多加一個參數 sheet_name 才會到不同工作表。最後用 save() 將 Excel 存檔。成功後會發現目錄中多了一個 Excel 檔，並且有四個工作表，分別是業務 1 到 4。

範例 17 將資料依照不同業務單位存放到不同的工作表，步驟二

▌程式碼

```
writer = pd.ExcelWriter('公司報表.xlsx')
for i in sales_df.index.levels[0]:
    sales_df.loc[i].to_excel(writer, sheet_name=i)
writer.save()
```

▌執行結果

	A	B	C	D	E
	業務員	銷售金額			
1					
2	John	8478300			
3	Jordcn	9412480			
4	Terry	14141090			
5	Thomas	9817364			
6					

A1 ✕ ✓ fx | 業務員

業務1　業務2　業務3　業務4

　　如果細看 Excel 檔會發現字太小，欄距也太小。對於視力退化，有些老花眼的主管而言，他一定不會滿意這個結果。如果不懂以下的做法，就只有手動去調整每一個工作表。還好 pandas 能讓我們直接修改。這裡比較不同的是，要先取得每一個工作表的物件，

用 writer.sheets[]，並存到 worksheet 變數裡；之後再透過 set_zoom(150) 放大 1.5 倍。set_column('A:B',15)，將 A 和 B 的欄距變成 15 就可完成。

範例 18 將 Excel 放大 1.5 倍，並增加欄距

▍程式碼

```
writer = pd.ExcelWriter(' 公司報表 1.xlsx')
for i in sales_df.index.levels[0]:
    sales_df.loc[i].to_excel(writer, sheet_name=i)
    # 新增的三行
    worksheet = writer.sheets[i]
    worksheet.set_column('A:B',15)
    worksheet.set_zoom(150)
writer.save()
```

▍執行結果

請自行檢閱 Excel 檔觀察程式執行前後的樣式變化。

如果你能做到上面的步驟，主管對你一定滿意；但如果能將數字的格式修正成千位分隔符號則更佳。

範例 19 修改數字的格式，加入千位分隔符號（做法：先在 **workbook** 裡定義數值格式，再於 **set_column** 的最後一個參數將格式放入，你可想像 **workbook** 為 Excel 檔，其內包含不同工作表。）

▍程式碼

```
writer = pd.ExcelWriter(' 公司報表 2.xlsx')
workbook = writer.book
# 數值格式
format1 = workbook.add_format({'num_format':'#,##0'})
for i in sales_df.index.levels[0]:
    sales_df.loc[i].to_excel(writer, sheet_name=i)
    worksheet = writer.sheets[i]
    # 將數值格式放入
    worksheet.set_column('A:B',15, format1)
    worksheet.set_zoom(150)
writer.save()
```

執行結果

	A	B	C	D
1	**業務員**	**銷售金額**		
2	John	8,478,300		
3	Jorden	9,412,480		
4	Terry	14,141,090		
5	Thomas	9,817,364		
6				

業務1　業務2　業務3　業務4

加入千分位分隔符號後，資料的閱讀是不是更美觀了；接下來我們要進一步控制 Excel 畫圖。做法是：在 workbook 用 add_chart() 產生 chart 物件，並指定輸出結果為柱狀圖。其次將想呈現的資料用 chart.add_series() 來加入，資料在 B2 到 B5。最後用 worksheet.insert_chart() 指定輸出的位置和圖形的物件就大功告成了。如果能做到這一步，主管已經準備為你加薪。一次完成四個業務單位的工作表。實作如範例 20。

範例 20　做出範例 19 執行結果的柱狀圖

程式碼

```python
writer = pd.ExcelWriter(' 公司報表 3.xlsx')
workbook = writer.book
format1 = workbook.add_format({'num_format':'#,##0'})
for i in sales_df.index.levels[0]:
    sales_df.loc[i].to_excel(writer, sheet_name=i)
    worksheet = writer.sheets[i]
    worksheet.set_zoom(150)
    worksheet.set_column('A:B',15,format1)
    # 創造 chart 物件
    chart = workbook.add_chart({'type':'column'})
    # 將資料加入 chart
    chart.add_series({'values':f'={i}!$B$2:$B$5'})
    # 指定輸出位置
    worksheet.insert_chart('D2', chart)
writer.save()
```

▌執行結果

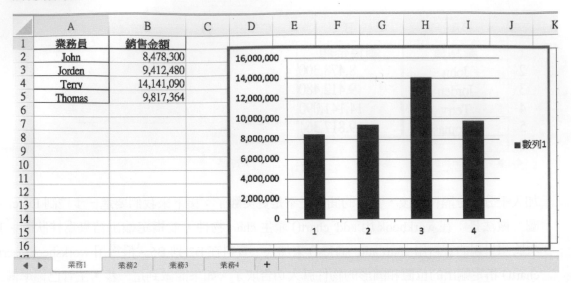

範例 20 執行結果美中不足的地方，在於 x 軸竟不是業務員名字，title 也沒有字。接下來改善這個狀況。

範例 21 將 x 軸換成業務員名稱，title 的名字也換成業務單位（做法：在 **chart. add_series()** 裡加入 **'name'** 和 **'categories'**。用 **set_title()** 來加入標題。）

▌程式碼

```
writer = pd.ExcelWriter(' 公司報表 4.xlsx')
workbook = writer.book
format1 = workbook.add_format({'num_format':'#,###'})
for i in sales_df.index.levels[0]:
    sales_df.loc[i].to_excel(writer, sheet_name=i)
    rows = len(sales_df.loc[i])
    worksheet = writer.sheets[i]
    worksheet.set_zoom(150)
    worksheet.set_column('A:B',15, format1)
    chart = workbook.add_chart({'type':'column'})
    # 修正圖形格式
    chart.add_series({
        'name':f' 銷售金額 ',
        'categories':f'{i}!$A$2:$A$5',
        'values':f'={i}!$B$2:$B$5'})
    chart.set_title({'name':f'{i} 的銷售情況 '})
    worksheet.insert_chart('D2', chart)
writer.save()
```

執行結果

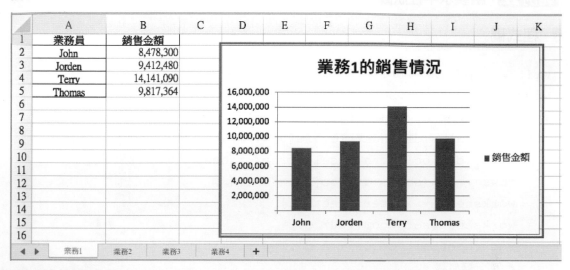

是不是非常完美了？

　　接下來我們要繪製水平柱狀圖，在 workbook.add_chart({'type':'bar'}) 將 'column' 改成 'bar'。另外，為了增加圖形的顏色豐富度，我們選擇了 style(15)，數值你可以自行實驗。

　　在這個單元的例子裡，我們學會如何不斷地修改程式，讓它能更符合我們的需求。這是真實情況，我們都是不斷在修修改改我們的程式，讓它變得更完美。

範例 22 　繪製水平柱狀圖

▍程式碼

```python
writer = pd.ExcelWriter(' 公司報表 5.xlsx')
workbook = writer.book
format1 = workbook.add_format({'num_format':'#,###'})
for i in sales_df.index.levels[0]:
    sales_df.loc[i].to_excel(writer, sheet_name=i)
    rows = len(sales_df.loc[i])
    worksheet = writer.sheets[i]
    worksheet.set_zoom(150)
    worksheet.set_column('A:B',15, format1)
    # 水平柱狀圖
    chart = workbook.add_chart({'type':'bar'})
    chart.add_series({
        'name':f' 銷售金額 ',
        'categories':f'{i}!$A$2:$A$5',
        'values':f'={i}!$B$2:$B$5'})
    chart.set_title({'name':f'{i} 的銷售情況 '})
    # 圖片格式選擇
    chart.set_style(15)
    worksheet.insert_chart('D2', chart)
writer.save()
```

▍執行結果

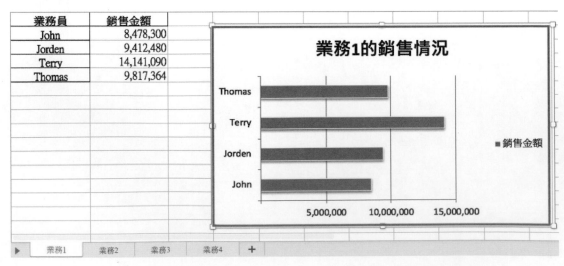

部門内的業務員銷售分析

　　回到數值的分析，老闆如果想知道哪個業務員總銷售金額最多或最少，可以先用「業務員的名字」來分組，再取銷售金額來計算總和，最後再依結果來由大至小排序。在這個案例中，Terry 是第一名，第二名是 Thomas。

範例 23　業務員銷售總金額排名

▌ 程式碼

```
sales.groupby(' 業務員 ')[' 銷售金額 '].sum().sort_values(ascending=False)
```

▌ 執行結果

```
業務員
Terry      14141090
Thomas      9817364
Jorden      9412480
John        8478300
Steve       5560626
Eric        5552115
Simon       5363826
Allen       5356577
Roger       5058574
Coby        4947153
Peter       4482221
Chris       4068670
Robin       3862438
Sam         3506904
Alisa       3440513
Mary        2817989
Name: 銷售金額 , dtype: int64
```

　　但有沒有一種可能性是：由於每個業務單位負責的地區不同，因此資料排序上應以業務單位分開來排序比較合理，但要怎麼做呢？我們可以先依各業務單位分組後，再算出各組業務員銷售金額的排序。我們用的仍是上一節的 sales_df 來做分析。做法是將分群後的每一組用 for 迴圈取出，分別來算排序。

範例 24　依各業務單位分組後，再算出各組業務員銷售金額的排序（一）

▌程式碼

```
for i in sales_df.index.levels[0]:
    print(i,'\n', sales_df.loc[i].sort_values(by=' 銷售金額 ', ascending=False))
```

▌執行結果

業務 1
　　　　　　　　銷售金額
業務員
Terry　　14141090
Thomas　　9817364
Jorden　　9412480
John　　　8478300
業務 2
　　　　　　　　銷售金額
業務員
Eric　　5552115
Roger　　5058574
Peter　　4482221
Alisa　　3440513
業務 3
　　　　　　　　銷售金額
業務員
Steve　　5560626
Allen　　5356577
Sam　　　3506904
Mary　　2817989
業務 4
　　　　　　　　銷售金額
業務員
Simon　　5363826
Coby　　4947153
Chris　　4068670
Robin　　3862438

　　還有一種更簡便的做法。在範例 25 中，我們在 sort_values() 裡用 [' 業務單位 ',' 銷售金額 '] 來排序。如此一來，pandas 就會先以業務單位排序一次，再用不同業務單位裡的銷售金額排序一次，完成我們要的結果。但我們希望「業務單位」是由小到大排序，而「銷售金額」是由大到小。因此再加入排序的參數 ascending=[True,False]。最後將結果存到 sales_df。

　　這個技巧很實用，透過 sort_values() 裡的串列來固定某一個欄位順序之後，再針對這個欄位內的內容來進行排序。

範例 25　依各業務單位分組後，再算出各組業務員銷售金額的排序（二）

程式碼

```
sales_df = sales_df.sort_values(by=[' 業務單位 ',' 銷售金額 '],
ascending=[True, False])
sales_df
```

執行結果

業務單位	業務員	銷售金額
業務1	Terry	14141090
	Thomas	9817364
	Jorden	9412480
	John	8478300
業務2	Eric	5552115
	Roger	5058574
	Peter	4482221
	Alisa	3440513
業務3	Steve	5560626
	Allen	5356577
	Sam	3506904
	Mary	2817989
業務4	Simon	5363826
	Coby	4947153
	Chris	4068670
	Robin	3862438

如果老闆只想看各業務單位的最高銷售金額成績如何，因為要利用 groupby 裡的 first() 來
取值，我們要先 groupby(' 業務單位 ')。

範例 26　求取各業務單位的最高銷售金額（別忘了，目前資料已經過排序）

▍程式碼

```
sales_df.groupby(' 業務單位 ').first()
```

▍執行結果

業務單位	銷售金額
業務1	14141090
業務2	5552115
業務3	5560626
業務4	5363826

你有沒有發現，範例 26 的執行結果只有銷售金額，但沒顯示是誰的銷售成績；要解決這
個問題，很少人知道可以用 head() 來做，但用 head() 來做其實更方便。

範例 27　求取各業務單位的第一名

▍程式碼

```
sales_df.groupby(' 業務單位 ').head(1)
```

▍執行結果

業務單位	業務員	銷售金額
業務1	Terry	14141090
業務2	Eric	5552115
業務3	Steve	5560626
業務4	Simon	5363826

透過這樣的做法，我們很快就可以知道，在每個業務單位裡面，誰是最優秀的業務員。而
且資料呈現也更簡潔，讓主管可以更快速知道重要的資訊。

範例 28　求取各業務單位的前兩名

▍程式碼

```
sales_df.groupby(' 業務單位 ').head(2)
```

▍執行結果

業務單位	業務員	銷售金額
業務1	Terry	14141090
	Thomas	9817364
業務2	Eric	5552115
	Roger	5058574
業務3	Steve	5560626
	Allen	5356577
業務4	Simon	5363826
	Coby	4947153

範例 29　求取各業務單位的倒數一名

▍程式碼

```
sales_df.groupby(' 業務單位 ').tail(1)
```

▍執行結果

業務單位	業務員	銷售金額
業務1	John	8478300
業務2	Alisa	3440513
業務3	Mary	2817989
業務4	Robin	3862438

接下來要在各群的最高分那筆資料標記顏色，這題難度比較高。第一步，先將銷售金額最高的索引鍵用 idxmax() 函數取出來。idxmax() 是一個很好用的函數，它是用來取得最大值的索引鍵。max() 則是取到最大值。因為我們要標記顏色，所以我們要取出索引鍵。

範例 30　在各群的最高分那筆資料標記顏色，步驟一

▌ **程式碼**

```
sales_df.groupby(['業務單位']).idxmax()
```

▌ **執行結果**

銷售金額

業務單位

業務1	(業務1, Terry)
業務2	(業務2, Eric)
業務3	(業務3, Steve)
業務4	(業務4, Simon)

接下來的步驟要將索引鍵做比較，如果資料取出的 index 在最大值的索引鍵裡就設為黃色，否則不變。

範例 31　在各群的最高分那筆資料標記顏色，步驟二

▌ **程式碼**

```
def first(s):
    idx = list(s.groupby(['業務單位']).idxmax())
    return ['background-color: yellow' if (i in idx) else '' for i in s.index]
sales_df.style.apply(first)
```

▌ 執行結果

業務單位	業務員	銷售金額
業務1	Terry	14141090
	Thomas	9817364
	Jorden	9412480
	John	8478300
業務2	Eric	5552115
	Roger	5058574
	Peter	4482221
	Alisa	3440513
業務3	Steve	5560626
	Allen	5356577
	Sam	3506904
	Mary	2817989
業務4	Simon	5363826
	Coby	4947153
	Chris	4068670
	Robin	3862438

14-3　業務單位的產品銷售分析

　　若想了解不同業務單位在各項產品上，各賣出的總金額為多少，可以將資料依照不同業務單位和不同產品先分組，再計算每一組裡的銷售金額總和；最後將結果存到 by_unit，以利後續分析。

範例 32　計算不同業務單位在各項產品上賣出的總金額各為多少（一）

程式碼

```
by_unit = sales.groupby([' 業務單位 ',' 銷售產品 '])\
[' 銷售金額 '].sum().unstack(level=' 銷售產品 ')
by_unit
```

執行結果

銷售產品 業務單位	平板	手機	鍵盤	電腦
業務1	11293148	13154647	7825479	9575960
業務2	4818464	5503935	3429055	4781969
業務3	3605371	5973702	3730727	3932296
業務4	4233983	8016938	2660749	3330417

範例 33　計算不同業務單位在各項產品上賣出的總金額各為多少（二）

程式碼

```
sales.pivot_table(index=' 業務單位 ', columns=' 銷售產品 ',
                  values=' 銷售金額 ', aggfunc='sum')
```

▌ 執行結果

銷售產品	平板	手機	鍵盤	電腦
業務單位				
業務1	11293148	13154647	7825479	9575960
業務2	4818464	5503935	3429055	4781969
業務3	3605371	5973702	3730727	3932296
業務4	4233983	8016938	2660749	3330417

　　接下來用逗號「,」來區隔千位數值資料。數值在 Python 裡是不會有千分位符號的，因此要將資料轉成字串。做法是用 applymap()，將每個值都用 f_string 的方式來設定格式。

範例 34　用逗號「,」來區隔千位數值資料

▌ 程式碼

```
by_unit.applymap(lambda x: f'{x:,}')
```

▌ 執行結果

銷售產品	平板	手機	鍵盤	電腦
業務單位				
業務1	11,293,148	13,154,647	7,825,479	9,575,960
業務2	4,818,464	5,503,935	3,429,055	4,781,969
業務3	3,605,371	5,973,702	3,730,727	3,932,296
業務4	4,233,983	8,016,938	2,660,749	3,330,417

範例 35　將範例 33 的執行結果用圖形呈現

▍程式碼

```
by_unit.plot(kind='bar',figsize=(10,4), rot=0)
```

▍執行結果

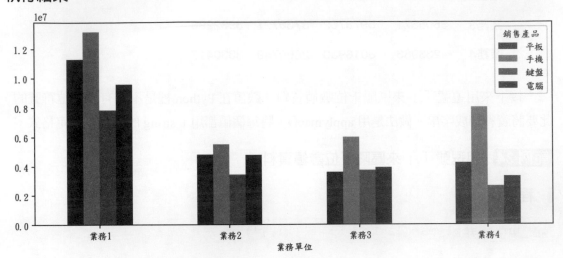

從執行結果中觀察到，在每個業務單位裡，手機都賣得最好。

　　如果希望將結果寫到 Excel，我們要寫一個迴圈，將平板、手機、鍵盤、電腦的資料加入圖形物件裡。這裡用一個小技巧，因為我們需要欄位 b 到 e，所以透過 ord('b') 取得其字元的數字編碼（見範例 36），再依迴圈來加 1，再轉換為字元。這個部分在範例 37 中示範說明。

範例 36　英文字元與其數字編碼互換

▍程式碼

```
print(f' 字元 b 的數字 {ord("b")}')
print(f' 數字 98 的字元 {chr(98)}')
```

▍執行結果

字元 b 的數字 98
數字 98 的字元 b

範例 37 將範例 35 的執行結果輸出到 Excel，並製作相同的柱狀圖

程式碼

```
writer = pd.ExcelWriter(' 銷售分析 .xlsx')
workbook = writer.book
by_unit.to_excel(writer, sheet_name=' 銷售分析 ')
worksheet = writer.sheets[' 銷售分析 ']
chart = workbook.add_chart({'type':'column'})
for i, v in enumerate(by_unit.columns):
    col = chr(ord('b')+i)
    chart.add_series({
        'name':f'{v}',
        'categories':f'= 銷售分析 !a2:a5',
        'values':f'= 銷售分析 !{col}2:{col}5'
    })
worksheet.insert_chart('F2', chart)
writer.save()
```

執行結果

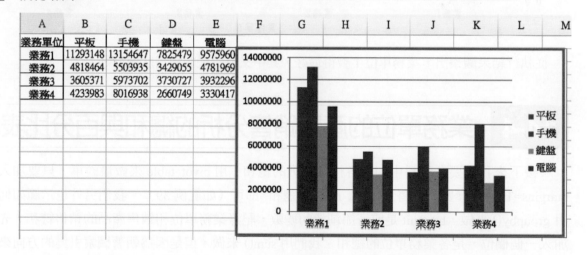

	A	B	C	D	E
	業務單位	平板	手機	鍵盤	電腦
	業務1	11293148	13154647	7825479	9575960
	業務2	4818464	5503935	3429055	4781969
	業務3	3605371	5973702	3730727	3932296
	業務4	4233983	8016938	2660749	3330417

範例 38　將範例 37 的執行結果改用堆疊柱狀圖顯示

▍程式碼

```
by_unit.plot(kind='bar',figsize=(8,4),rot=0, stacked=True)
```

▍執行結果

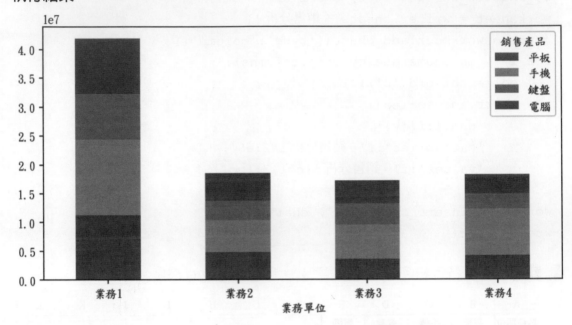

從執行結果觀察出，業務單位 1 賣得最好，其中又以手機的銷售狀況最好。

14-4　業務單位的產品銷售分析的總和與百分比表

　　接下來我們要在資料中加入各行和各列的總和。用 pivot_table 來做最簡單，只要加入 margins=True 的參數，並將 margins_name=' 總和 ' 即可（如範例 39）。我們另外也示範如何用 groupby() 來做，by_unit 是前一節創造的變數，記錄業務單位和銷售產品的銷售總和。先加入一個欄位，是各業務單位的總和。我們用 sum() 來做，但是因為朝著欄索引鍵的方向來加總，因此 axis=1，見範例 40。

範例 39　加入各行和各列的總和（一）：用 **pivot_table** 來做

▌ 程式碼

```
sales.pivot_table(values='銷售金額', index='業務單位', columns='銷售產品',
                  aggfunc='sum', margins=True, margins_name='總和')
```

▌ 執行結果

銷售產品 業務單位	平板	手機	鍵盤	電腦	總和
業務1	11293148	13154647	7825479	9575960	41849234
業務2	4818464	5503935	3429055	4781969	18533423
業務3	3605371	5973702	3730727	3932296	17242096
業務4	4233983	8016938	2660749	3330417	18242087
總和	23950966	32649222	17646010	21620642	95866840

範例 40　加入各行和各列的總和（二）：用 **groupby()** 來做

▌ 程式碼

```
by_unit['業務銷售總和'] = by_unit.sum(axis=1)
by_unit
```

▌ 執行結果

銷售產品 業務單位	平板	手機	鍵盤	電腦	業務銷售總和
業務1	11293148	13154647	7825479	9575960	41849234
業務2	4818464	5503935	3429055	4781969	18533423
業務3	3605371	5973702	3730727	3932296	17242096
業務4	4233983	8016938	2660749	3330417	18242087

再來將資料沿著列索引鍵方向加總，並增加一列。列的增加要用 .loc[]。

範例 41 增加一列「產品銷售總和」並計算各單品的銷售總金額

程式碼

```
by_unit.loc[' 產品銷售總和 '] = by_unit.sum(axis=0)
by_unit
```

執行結果

銷售產品 業務單位	平板	手機	鍵盤	電腦	業務銷售總和
業務1	11293148	13154647	7825479	9575960	41849234
業務2	4818464	5503935	3429055	4781969	18533423
業務3	3605371	5973702	3730727	3932296	17242096
業務4	4233983	8016938	2660749	3330417	18242087
產品銷售總和	23950966	32649222	17646010	21620642	95866840

百分比表格

百分比表格又可細分成：

- 總計百分比：以總和當分母。
- 欄的總和百分比：以欄的總和當分母。
- 列的總和百分比：以列的總和當分母。

範例 42 求取案例中的總計百分比

程式碼

```
(by_unit/by_unit.iloc[-1,-1]*100).round(2)
```

▍執行結果

銷售產品	平板	手機	鍵盤	電腦	業務銷售總和
業務單位					
業務1	11.78	13.72	8.16	9.99	43.65
業務2	5.03	5.74	3.58	4.99	19.33
業務3	3.76	6.23	3.89	4.10	17.99
業務4	4.42	8.36	2.78	3.47	19.03
產品銷售總和	24.98	34.06	18.41	22.55	100.00

總計是全部資料的總和，在「業務銷售總和」的最後一筆。要取到總計資料可以透過 by_unit.iloc[-1,-1] 來取得。最後將所有資料除以總和，再乘 100 成為百分比，並取小數點兩位。

範例 43　求取案例中的列總和百分比，即以列的總和當分母

▍程式碼

```
(by_unit/by_unit.loc[' 產品銷售總和 ']*100).round(2)
```

▍執行結果

銷售產品	平板	手機	鍵盤	電腦	業務銷售總和
業務單位					
業務1	47.15	40.29	44.35	44.29	43.65
業務2	20.12	16.86	19.43	22.12	19.33
業務3	15.05	18.30	21.14	18.19	17.99
業務4	17.68	24.55	15.08	15.40	19.03
產品銷售總和	100.00	100.00	100.00	100.00	100.00

在本例，列總和百分比的分母為「產品銷售總和」。在 pandas 內定的除法就是以欄索引鍵為對齊方向，因此可以直接用「/」。因為要算成百分比，我們將結果乘 100，再取小數點 2 位。

範例 44　欄總和百分比，即以欄的總和當分母

▍程式碼

```
(by_unit.div(by_unit[' 業務銷售總和 '], axis=0)*100).round(2)
```

▍執行結果

銷售產品	平板	手機	鍵盤	電腦	業務銷售總和
業務單位					
業務1	26.99	31.43	18.70	22.88	100.0
業務2	26.00	29.70	18.50	25.80	100.0
業務3	20.91	34.65	21.64	22.81	100.0
業務4	23.21	43.95	14.59	18.26	100.0
產品銷售總和	24.98	34.06	18.41	22.55	100.0

在本例中，欄總和百分比的分母為「業務銷售總和」，因為除法的對齊是以列索引鍵為方向，非 pandas 的預設值，而除法「/」本身也不能有參數；因此要用 div()，並加入參數 axis=0（表示對齊方向是列索引鍵）。

在 pandas 裡加減乘除有其對應到的函數（add, sub, div, mul），那為什麼要用函數呢？函數的優點就是能夠加入參數，以範例 44 來講，我們要的參數就是 axis。這裡的 axis 的使用跟其他函數不一樣，因為 pandas 裡的加減乘除會依照索引鍵來對齊，因此這裡的 axis 指的不是運算方向，而是對齊的是哪一個索引鍵。axis=0 對齊的是列索引鍵，1 對齊的是欄索引鍵。

14-5　其他不同的綜合分析

在本節，我們將介紹其他的分析組合。

首先來看看，不同業務單位裡的每個業務員，對不同產品的銷售金額表現。業務單位、業務員、銷售產品都是類別型變數，我們將資料透過這三個類別來分組，再計算出各組內的「銷售金額」之總和。

範例 45　不同業務單位裡的每個業務員對不同產品的銷售金額表現（一）

■ 程式碼

```
sales.groupby(['業務單位','銷售產品','業務員'])['銷售金額'].\
sum().unstack(level='銷售產品')
```

■ 執行結果

業務單位	銷售產品 業務員	平板	手機	鍵盤	電腦
業務1	John	3029386	2849597	1135060	1464257
	Jorden	3467950	2219334	1715503	2009693
	Terry	2045086	4570886	3338603	4186515
	Thomas	2750726	3514830	1636313	1915495
業務2	Alisa	977354	865267	1017345	580547
	Eric	1805237	1273493	1029744	1443641
	Peter	978705	1766964	487997	1248555
	Roger	1057168	1598211	893969	1509226
業務3	Allen	868284	1994505	1272038	1221750
	Mary	537782	1074600	581461	624146
	Sam	712216	1274465	582955	937268
	Steve	1487089	1630132	1294273	1149132
業務4	Chris	1058980	1655202	419124	935364
	Coby	1217955	2597607	546286	585305
	Robin	609592	1937809	688969	626068
	Simon	1347456	1826320	1006370	1183680

範例 46　不同業務單位裡的每個業務員對不同產品的銷售金額表現（二）——用 **pivot_table** 來做

▌ 程式碼

```
sales.pivot_table(values=' 銷售金額 ', index=[' 業務單位 ',' 業務員 '],
                  columns=' 銷售產品 ', aggfunc='sum')
```

▌ 執行結果

業務單位	業務員	銷售產品 平板	手機	鍵盤	電腦
業務1	John	3029386	2849597	1135060	1464257
	Jorden	3467950	2219334	1715503	2009693
	Terry	2045086	4570886	3338603	4186515
	Thomas	2750726	3514830	1636313	1915495
業務2	Alisa	977354	865267	1017345	580547
	Eric	1805237	1273493	1029744	1443641
	Peter	978705	1766964	487997	1248555
	Roger	1057168	1598211	893969	1509226
業務3	Allen	868284	1994505	1272038	1221750
	Mary	537782	1074600	581461	624146
	Sam	712216	1274465	582955	937268
	Steve	1487089	1630132	1294273	1149132
業務4	Chris	1058980	1655202	419124	935364
	Coby	1217955	2597607	546286	585305
	Robin	609592	1937809	688969	626068
	Simon	1347456	1826320	1006370	1183680

範例 47　不同業務單位在各產品的銷售數量和銷售金額之表現

▌程式碼

```
sales.groupby(['業務單位','銷售產品'])[['銷售數量',
'銷售金額']].sum().unstack(level='銷售產品')
```

▌執行結果

	銷售數量				銷售金額			
銷售產品	平板	手機	鍵盤	電腦	平板	手機	鍵盤	電腦
業務單位								
業務1	964118	787604	524559	625655	11293148	13154647	7825479	9575960
業務2	838569	683625	670289	870727	4818464	5503935	3429055	4781969
業務3	960288	839305	548427	631464	3605371	5973702	3730727	3932296
業務4	855705	992009	420943	666656	4233983	8016938	2660749	3330417

範例 48　不同業務單位在銷售數量和銷售金額的最小值、最大值、平均值和總和
（提示：用 **agg()** 來做，可同時計算最小值、最大值、平均值和總和）

▌程式碼

```
sales.groupby(['業務單位'])[['銷售數量','銷售金額']].agg(['min',
'max','mean','sum'])
```

▌執行結果

	銷售數量				銷售金額			
	min	max	mean	sum	min	max	mean	sum
業務單位								
業務1	522	48446	12727.780474	2901900	135247	255873	183549.271930	41849234
業務2	510	48475	13435.131579	3063210	35537	133373	81286.942982	18533423
業務3	514	48399	12842.603448	2979484	35047	133574	74319.379310	17242096
業務4	516	48485	14112.081731	2935313	35551	145924	87702.341346	18242087

範例 49 不同業務單位在銷售數量的平均，以及銷售金額的總和（提示：用 **agg()** 來進一步指定輸出結果，並將結果存至 **t_df** 變數）

▍ 程式碼

```
t_df = sales.groupby(' 業務單位 ')[[' 銷售數量 ',' 銷售金額 ']].\
agg({' 銷售數量 ':['mean'],' 銷售金額 ':['sum']}).round(2)
t_df
```

▍ 執行結果

	銷售數量	銷售金額
	mean	sum
業務單位		
業務1	12727.79	41849234
業務2	13435.13	18533423
業務3	12842.60	17242096
業務4	14112.08	18242087

14-6　銷售時間軸的分析

　　時間在資料分析上是一個重要的資料型態。譬如：商品的交易時間、顧客的拜訪時間等。有時候，我們會想了解近一個月的銷售情況，如果沒有程式的資源，我們就很難能做到時間的分析。譬如：2018 年和 2019 年的銷售總額比較。還好，pandas 在以時間為格式的資料支援相當完整。

　　目前資料裡的銷售日期資料形態是 object，並無法做日期的處理。在 python 裡，object 是最一般的資料形態。當 pandas 將某欄位資料判斷成 object 時，是因為這個欄位裡面有多種屬性的資料（數值、字串），又或者它單純是字串。以範例 50 來說，銷售日期欄位就是字串。

範例 50 檢查銷售日期的資料形態

▌ 程式碼

```
print(sales[' 銷售日期 '].dtype)
```

▌ 執行結果

object

範例 51 將銷售日期的格式從字串轉換成日期

▌ 程式碼

```
sales[' 銷售日期 '] = pd.to_datetime(sales[' 銷售日期 '])
print(sales[' 銷售日期 '].dtype)
```

▌ 執行結果

datetime64[ns]

在程式碼中,我們用 pd.to_datetime() 將資料從原本的 object 變成 datetime64 的日期格式。

範例 52 增加一個年份的欄位(提示:因為銷售日期已經是 **datetime** 的格式,所以可用 **dt.year** 取出年份)

▌ 程式碼

```
sales[' 年 '] = sales[' 銷售日期 '].dt.year
sales.sample(5)  # 隨便取五筆來看
```

▌ 執行結果

	銷售日期	業務單位	業務員	性別	銷售產品	銷售數量	銷售金額	年
13	2013-01-20	業務3	Steve	男	手機	2429	67751	2013
19	2013-01-24	業務1	Thomas	男	電腦	984	157858	2013
403	2014-08-12	業務3	Allen	男	手機	537	66975	2014
230	2013-11-17	業務3	Mary	男	電腦	540	48897	2013
410	2014-08-21	業務3	Allen	男	平板	2187	44743	2014

範例 53　增加一個「月」的欄位

▌程式碼

```
sales['月'] = sales['銷售日期'].dt.month
sales.sample(5)
```

▌執行結果

	銷售日期	業務單位	業務員	性別	銷售產品	銷售數量	銷售金額	年	月
542	2015-04-14	業務4	Simon	女	鍵盤	47890	115720	2015	4
627	2015-08-24	業務3	Steve	男	鍵盤	1675	91757	2015	8
862	2016-09-08	業務2	Eric	女	電腦	846	100361	2016	9
305	2014-03-19	業務4	Robin	男	電腦	734	56047	2014	3
629	2015-08-26	業務4	Simon	女	手機	1752	125654	2015	8

範例 54　增加一個「季」（Quarter）的欄位

▌程式碼

```
sales['季'] = sales['銷售日期'].dt.quarter
sales.sample(5)
```

▌執行結果

	銷售日期	業務單位	業務員	性別	銷售產品	銷售數量	銷售金額	年	月	季
272	2014-01-29	業務1	Jorden	男	平板	2422	171401	2014	1	1
20	2013-01-27	業務3	Allen	男	電腦	2468	61112	2013	1	1
496	2015-01-19	業務1	Terry	女	平板	765	216143	2015	1	1
714	2016-01-10	業務4	Coby	女	電腦	1962	92305	2016	1	1
705	2015-12-22	業務1	Thomas	男	平板	836	158791	2015	12	4

　　年份、月份和日期或許都還能夠用字串處理的方式將值取出。但是星期幾的話，我們就沒有辦法這麼做。透過 day_name() 函數，我們就能取出星期幾的資訊以利後續分析。這種從資料裡面萃取出我們想要的資訊，在機器學習裡面叫做特徵值工程或特徵值處理。範例 55 會實作加入「星期幾」的欄位。

範例 55　增加一個「星期幾」的欄位

▋ 程式碼

```
sales['星期幾'] = sales['銷售日期'].dt.day_name()
sales.head(5)
```

▋ 執行結果

	銷售日期	業務單位	業務員	性別	銷售產品	銷售數量	銷售金額	年	月	季	星期幾
0	2013-01-03	業務3	Mary	男	手機	1084	79291	2013	1	1	Thursday
1	2013-01-06	業務3	Allen	男	手機	620	107992	2013	1	1	Sunday
2	2013-01-08	業務3	Sam	男	手機	2201	91219	2013	1	1	Tuesday
3	2013-01-08	業務3	Mary	男	平板	1301	86219	2013	1	1	Tuesday
4	2013-01-09	業務2	Peter	男	手機	1331	79836	2013	1	1	Wednesday

範例 56　請依不同年份來計算每一年的銷售業績

▋ 程式碼

```
sales.groupby('年')['銷售金額'].sum()
```

▋ 執行結果

```
年
2013    25727805
2014    22838772
2015    28060594
2016    19239669
Name: 銷售金額, dtype: int64
```

範例 57　以一行指令完成範例 56，而不用先製作「年」的欄位

▌程式碼

```
sales.groupby(sales[' 銷售日期 '].dt.year)[' 銷售金額 '].sum()
```

▌執行結果

```
銷售日期
2013    25727805
2014    22838772
2015    28060594
2016    19239669
Name: 銷售金額 , dtype: int64
```

範例 58　將範例 57 的執行結果繪製成圖

▌程式碼

```
sales.groupby(' 年 ')[' 銷售金額 '].sum().plot(kind='bar')
```

▌執行結果

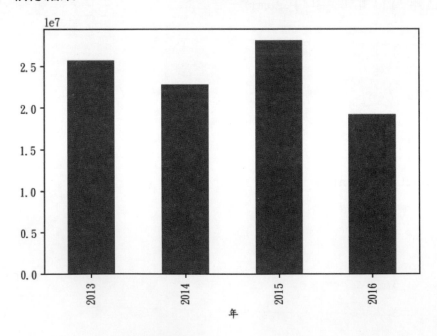

2016 年的銷售金額看起來最差。

範例 59　請做不同月份的銷售金額分析

▋ 程式碼

```
sales.groupby('月')['銷售金額'].sum()
```

▋ 執行結果

```
月
1       9739357
2       8113139
3       7294062
4       7797925
5       8652947
6       7888861
7      10860019
8       8773711
9       8012188
10      8059249
11      5891574
12      4783808
Name: 銷售金額, dtype: int64
```

範例 60　不同年份的各項產品之銷售金額總和

▋ 程式碼

```
sales.groupby(['年','銷售產品'])['銷售金額'].sum().unstack('銷售產品')
```

▋ 執行結果

銷售產品	平板	手機	鍵盤	電腦
年				
2013	6145110	9413364	4225562	5943769
2014	5113377	8422415	3713809	5589171
2015	8271980	8738825	4954596	6095193
2016	4420499	6074618	4752043	3992509

　　原本的資料是沒辦法做這個分析的，我們是從資料裡面萃取出「年」這個資訊之後，才能進一步做這個分析。在實務上，這個步驟是常常需要做的。

範例 61　請將範例 60 的執行結果繪製成圖

▋ 程式碼

```
sales.groupby([' 年 ',' 銷售產品 '])[' 銷售金額 '].sum().\
unstack(' 銷售產品 ').plot(kind='bar')
```

▋ 執行結果

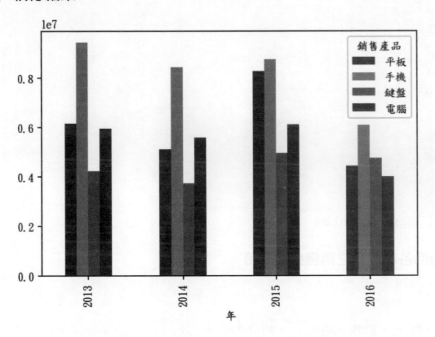

　　2016 年的銷售金額看起來最差，其中手機和平板的銷售金額掉最多。

範例 62 不同季的商品銷售金額總和

▍**程式碼**

```
sales.groupby(' 季 ')[' 銷售金額 '].sum()
```

▍**執行結果**

```
季
1    25146558
2    24339733
3    27645918
4    18734631
Name: 銷售金額 , dtype: int64
```

範例 63 不同季的不同產品銷售金額總和

▍**程式碼**

```
sales.groupby([' 季 ',' 銷售產品 '])[' 銷售金額 '].sum().unstack(' 銷售產品 ')
```

▍**執行結果**

銷售產品	平板	手機	鍵盤	電腦
季				
1	5865385	7936887	5639428	5704858
2	7144874	7822798	4088637	5283424
3	6164903	10392942	5246786	5841287
4	4775804	6496595	2671159	4791073

很多產品有季節性的淡旺季，用 Python 來做分析變得很簡單。

範例 64 不同年、不同季的銷售金額總和（提示：因為年和季都是類別型變數，用 **groupby()** 可分成十六組，再依各組去計算銷售金額總和）

▌ 程式碼

```
sales.groupby(['年','季'])['銷售金額'].sum().unstack(1)
```

▌ 執行結果

季	1	2	3	4
年				
2013	6820922	6775792	6953252	5177839
2014	6578504	5725217	5977272	4557779
2015	6886600	7077588	6801437	7294969
2016	4860532	4761136	7913957	1704044

範例 65 取出 2015 年和 2016 年的資料分析，並存到 **Y201516_df**（提示：布林邏輯判斷可用 (sales['Year']==2015) | (sales['Year']==2016)，但用 **isin()** 會更簡潔，**isin()** 能回傳布林值的 **Series** 來做資料過濾）

▌ 程式碼

```
Y201516_df = sales[sales['年'].isin([2015,2016])]
Y201516_df['年'].value_counts()
```

▌ 執行結果

```
2015    225
2016    186
Name: 年 , dtype: int64
```

範例 66 **2015** 年和 **2016** 年每季的各業務單位之銷售金額總和

▌ 程式碼

```
Year_Q = Y201516_df.groupby(['年','季','業務單位'])['銷售金額'].\
sum().unstack('業務單位')
Year_Q
```

▌ 執行結果

業務單位		業務1	業務2	業務3	業務4
年	季				
2015	1	3885552	1274939	1209055	517054
	2	2892236	1478589	962515	1744248
	3	2659285	1321406	1515743	1305003
	4	2874296	1838577	982486	1599610
2016	1	1848732	679138	997070	1335592
	2	2121699	1194480	675461	769496
	3	4100986	1724691	815959	1272321
	4	658829	237497	251428	556290

範例 67　承範例 66，請取出「業務 1」來做圖

▌ 程式碼

```
Year_Q['業務1'].plot(kind='bar')
```

▌ 執行結果

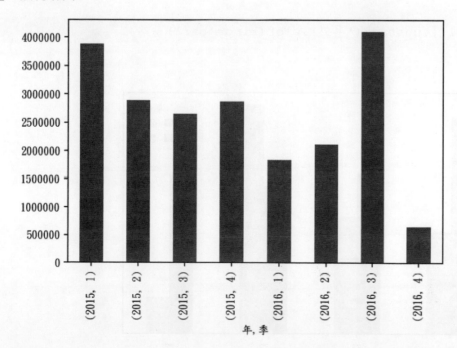

這也是一種資料呈現方式，但我們希望將相同季的資料能擺在一起。

範例 68 不同年份的同一季度資料放在一起比較（解法：把「年」移到欄索引鍵）

█ 程式碼

```
Year_Q['業務1'].unstack('年')
```

█ 執行結果

年	2015	2016
季		
1	3885552	1848732
2	2892236	2121699
3	2659285	4100986
4	2874296	658829

我們用了很多 stack 和 unstack 函數來做不同角度的資料呈現，就是為了讓讀者熟悉這兩個函數，以及它們如何影響做圖。

範例 69 請將範例 68 的執行結果繪製成圖

█ 程式碼

```
Year_Q['業務1'].unstack('年').plot(kind='bar')
```

█ 執行結果

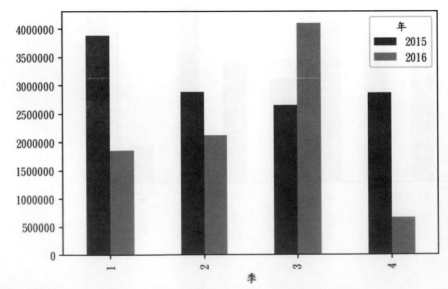

從執行結果觀察出，雖然業務單位 1 在 2016 年第三季表現良好，但在第四季卻意外的差。

14-7　章末習題

1. 本章用了很多 groupby() 的功能，其實這些也都能用 pivot_table() 來完成。作業裡，我們讓同學做 pivot_table() 的練習。

   (1) 請先讀入本章提供的資料：sales.csv。

   (2) 用 pivot_table() 做不同業務單位的銷售總金額統計。

   (3) 請將下面的式子改成 pivot_table()。

   ```
   sales.groupby(' 業務單位 ')[[' 銷售數量 ',' 銷售金額 ']].sum()
   ```

   (4) 請將下面的式子改成 pivot_table()。

   ```
   sales.groupby([' 業務單位 ',' 銷售產品 '])[' 銷售金額 '].sum().
   unstack(level=' 銷售產品 ')
   ```

   (5) 請繼續使用第 (4) 子題的表格輸出結果，將每個業務單位賣最好的商品標示出來。

   (6) 承第 (5) 子題，請將每個業務單位賣最差的商品標示出來。

   (7) 承上，請將每個商品賣最好的業務單位標示出來。

NOTE

第 15 章

pandas
——股市分析

　　有誰不想賺錢？有誰不想輕鬆賺錢？股票市場對很多人有強大的吸引力，彷彿股票市場就是輕鬆賺錢的代名詞。但真正有投資股票的人都知道，這錢不容易賺，甚至賠掉好幾百萬的人都有。因此，投資股票靠的不是熱血、不是幻想、不是神明，而是冷靜的頭腦加上客觀的分析。但早期分析股票並不容易，也許需要買現成軟體或買股票老師的資訊。現在有了 Python，在本章中將告訴各位最基本和重要的分析，讓你對 Python 在股票分析的能力有所了解。

　　本章的主要目的就是讓你熟悉時間序列和多層級索引鍵的操作。

學習重點：

- 用 plot() 畫出股票收盤價圖。
- .resample() 類似 groupby()。
- 用 .quantile() 來取出百分位值。
- .shift() 將資料往前移一天。
- .diff() 將資料與前一日相減。
- .pct_change() 日收益率。
- 用 .rolling.mean() 來算日平均線。
- 將日期設為指標，用 df[' 日期 '] 將日期資料取出。
- 用 .iplot() 來做出專業分析圖，可局部放大。
- 威廉線實作。
- 用 pd.concat() 將不同資料放在同一個 DataFrame 裡。
- 用 .xs 取出不同資料。

　　我們先將原始資料引用進來。

▌程式碼

```
import pandas as pd
import numpy as np
import datetime
import seaborn as sns
import matplotlib.pyplot as plt
%matplotlib inline
plt.rcParams['font.sans-serif'] = ['DFKai-sb']
%config InlineBackend.figure_format = 'retina'
import warnings
warnings.filterwarnings('ignore')
```

　　因為 Yahoo 維護的資料庫有時候會有問題，所以本章用筆者提供的 Excel 檔（stock. xlsx）做範例演練，但讀者仍可用以下程式碼自動抓取這四隻股票的資料。

▌程式碼（供參考，如果無法執行，就用筆者提供的檔案繼續練習以下範例）

```
from pandas_datareader import data
start = datetime.datetime(2013,1,1)
end = datetime.datetime(2018,12,13)
tsmc = data.DataReader("2330.TW", 'yahoo', start, end) #2330 台積
mk = data.DataReader("2454.TW", 'yahoo', start, end) #2454 聯發科
tc = data.DataReader("1326.TW", 'yahoo', start, end) #1326 台化
bk = data.DataReader("2049.TW", 'yahoo', start,end ) #2049 上銀
```

15-1 資料載入

　　我們從本節開始，一步一步教各位做股市資料分析，先看原始資料。

範例 1 將股票資料讀入，並將 Date 設為 index，且將 Date 資料型態改為日期

▌程式碼

```
df = pd.read_excel('stock.xlsx',sheet_name=' 台積 ')
df.head()
```

▌執行結果

	Date	High	Low	Open	Close	Volume	Adj Close
0	2013-01-02	99.900002	97.099998	97.599998	99.599998	40527000	82.511047
1	2013-01-03	102.000000	100.000000	100.500000	101.000000	44107000	83.670845
2	2013-01-04	101.500000	100.000000	100.500000	101.500000	39278000	84.085060
3	2013-01-07	101.000000	99.099998	101.000000	100.500000	40288000	83.256630
4	2013-01-08	100.000000	98.900002	99.599998	99.699997	31090000	82.593895

　　這裡的「Date」欄位已是日期格式，不用再轉換。

範例 2 檢查 **Date** 的資料格式

▌ 程式碼

```
print(df['Date'].dtypes)
```

▌ 執行結果

```
datetime64[ns]
```

範例 3 將 **Date** 設為指標

▌ 程式碼

```
df.set_index('Date', inplace=True)
df.head()
```

▌ 執行結果

Date	High	Low	Open	Close	Volume	Adj Close
2013-01-02	99.900002	97.099998	97.599998	99.599998	40527000	82.511047
2013-01-03	102.000000	100.000000	100.500000	101.000000	44107000	83.670845
2013-01-04	101.500000	100.000000	100.500000	101.500000	39278000	84.085060
2013-01-07	101.000000	99.099998	101.000000	100.500000	40288000	83.256630
2013-01-08	100.000000	98.900002	99.599998	99.699997	31090000	82.593895

範例 4 一次將資料讀入，並設好列索引鍵（提示：在 **read_excel** 裡能將 **index_col** 的參數設為列索引鍵）

▌ 程式碼

```
tsmc = pd.read_excel('stock.xlsx',sheet_name='台積', index_col='Date')
mk = pd.read_excel('stock.xlsx',sheet_name='聯發科', index_col='Date')
tc = pd.read_excel('stock.xlsx',sheet_name='台化', index_col='Date')
bk = pd.read_excel('stock.xlsx',sheet_name='上銀', index_col='Date')
```

小技巧：如何知道 Excel 裡有哪幾個工作表

將 sheet_name 設為 None 會回傳字典格式，裡面就包含所有的工作表和資料。

範例 5 檢查 stock.xlsx 裡有哪幾個工作表

▌ 程式碼

```
df = pd.read_excel('stock.xlsx', sheet_name=None)
print(df.keys())
```

▌ 執行結果

```
odict_keys(['台積', '聯發科', '台化', '上銀'])
```

範例 6 先以台積電為例，列出前五筆資料（資料從 2013-01-01 開始）

▌ 程式碼

```
tsmc.head()
```

▌ 執行結果

Date	High	Low	Open	Close	Volume	Adj Close
2013-01-02	99.900002	97.099998	97.599998	99.599998	40527000	82.511047
2013-01-03	102.000000	100.000000	100.500000	101.000000	44107000	83.670845
2013-01-04	101.500000	100.000000	100.500000	101.500000	39278000	84.085060
2013-01-07	101.000000	99.099998	101.000000	100.500000	40288000	83.256630
2013-01-08	100.000000	98.900002	99.599998	99.699997	31090000	82.593895

範例 7　請列出台積電最後五筆資料（資料到 2018-12-13）

程式碼

```
tsmc.tail()
```

執行結果

	High	Low	Open	Close	Volume	Adj Close
Date						
2018-12-07	223.5	220.5	222.5	221.0	25063568	221.0
2018-12-10	220.0	218.5	219.5	219.0	19433461	219.0
2018-12-11	223.0	219.0	220.0	222.5	27375220	222.5
2018-12-12	227.0	222.5	223.5	226.5	26433846	226.5
2018-12-13	227.5	225.0	227.0	226.0	32087141	226.0

在寫第一版的時候是在 2018 年底，當時台積電的股價是 226 元。現在是 2021 年的年底，目前台積電的股價是 615 元。當時在上課的時候，我們還在跟學生討論究竟要不要買，沒想到現在股價漲了一倍。

15-2　台積電資料基本分析

接下來我們設定一些情境來分析股市資料。

不同的星期幾是否會影響到股價呢？

有此一說。星期五接著是週末，股價通常會更高。

要分析這樣的假設是否為真，就要從日期資料裡面取出星期幾，原本要用前置符號 .dt，但因為日期格式在列索引鍵就可以不用。因此只需 day_name() 就能取出星期幾了。

範例 8 標示每一個日期是星期幾

▋ 程式碼

```
tsmc['weekday_name'] = tsmc.index.day_name()
tsmc['weekday_name'].head()
```

▋ 執行結果

```
Date
2013-01-02    Wednesday
2013-01-03    Thursday
2013-01-04    Friday
2013-01-07    Monday
2013-01-08    Tuesday
Name: weekday_name, dtype: object
```

範例 9 再用 **groupby** 做星期幾的分組，原則上會分成五組，因為週末不開盤

▋ 程式碼

```
tsmc.groupby('weekday_name')['Close'].mean()
```

▋ 執行結果

```
weekday_name
Friday       164.040559
Monday       161.741259
Thursday     163.860204
Tuesday      162.093581
Wednesday    162.569257
Name: Close, dtype: float64
```

結果發現，星期五確實高一點點，但並沒有高太多。星期一則是最低。

範例 10　台積電收盤價折線圖

程式碼

```
tsmc['Close'].plot(grid=True)
```

執行結果

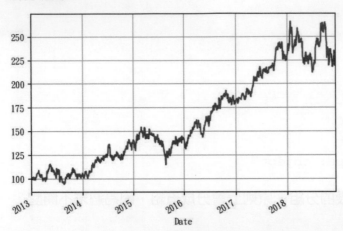

程式碼中 grid=True 會產生格線。資料是從 2013 年到 2018 年，在圖表上的資料太密集，我們會希望一週取一個代表點來看。

範例 11　將資料重新取樣，以每一週為單位並取平均值來代表

程式碼

```
tsmc['Close'].resample('W').mean().plot(grid=True)
```

執行結果

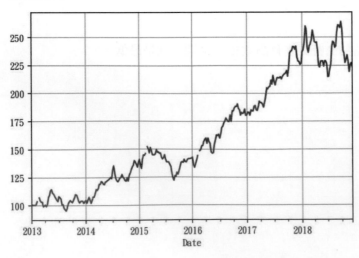

在時間序列資料裡，pandas 提供 resample() 函數做資料重新取樣，resample('W') 表示以週為單位，之後再取平均值 mean()；因為以週取平均，點比較少，曲線也變得平滑了。

resample() 提供了類似 groupby 的功能將資料做分組，分組之後你可以取平均值，又或者最大值、最小值都可以。那為什麼不用 groupby 呢？原因就在於，groupby 並沒有辦法以「週」為單位來做分組，因此在時間序列裡面提供了一個新的函數叫 resample()。

請注意是 resample 不是 sample，sample 是用來做樣本的抽樣。

範例 12 將資料重新取樣，以月為單位並取平均值來代表

▌程式碼

```
tsmc['Close'].resample('M').mean().plot(grid=True)
```

▌執行結果

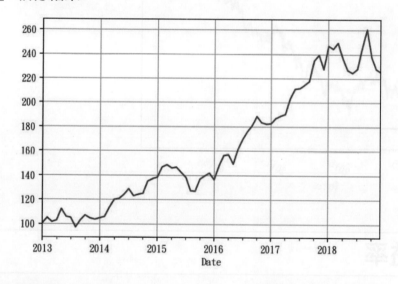

範例 13 將股票值的 **10％**到 **90％**的區間特別標示，步驟一：先取出值

▌程式碼

```
upper = tsmc['Close'].quantile(0.9)
lower = tsmc['Close'].quantile(0.1)
print('Lower:',lower, 'Upper:',upper)
```

▌執行結果

```
Lower: 104.5 Upper: 237.5
```

再用 hlines() 函數畫兩條水平直線。第一個參數設定要畫橫線的值，分別是 [lower, upper]。之後的參數要設定 x 的最小和最大值，因此 index[0] 和 [-1]。

範例 14 **將股票值的 10%到 90%的區間特別標示，步驟二：畫出參考線**

▌程式碼

```
tsmc['Close'].plot()
plt.hlines([lower, upper],tsmc.index[0],tsmc.index[-1])
```

▌執行結果

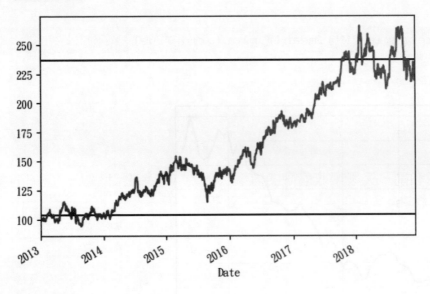

15-3 日收益率

收益代表所賺或賠的錢，收益率則是所賺或賠的錢的百分比。爲了之後說明方便，我們僅取 Close（收盤）欄位的資料。pandas 提供 shift()，能將資料往前或往後移 n 天。shift(1) 爲資料向前移一天，如：01-03 的 shift(1) 資料就是來自 01-02；因爲 01-02 的前一天沒有值，因此是 NaN。

範例 15 列出當日和前一天股票收盤價比較

▌程式碼

```
tsmc = tsmc[['Close']]
tsmc['shift1'] = tsmc['Close'].shift(1)
tsmc.head()
```

▌執行結果

	Close	shift1
Date		
2013-01-02	99.599998	NaN
2013-01-03	101.000000	99.599998
2013-01-04	101.500000	101.000000
2013-01-07	100.500000	101.500000
2013-01-08	99.699997	100.500000

範例 16 計算當日和前一天股票收盤價的差額（一）（如果要計算與前一日的差額，將「**Close**」和「**shift1**」欄位相減即可）

▌程式碼

```
tsmc['diff'] = tsmc['Close'] - tsmc['shift1']
tsmc.head()
```

▌執行結果

	Close	shift1	diff
Date			
2013-01-02	99.599998	NaN	NaN
2013-01-03	101.000000	99.599998	1.400002
2013-01-04	101.500000	101.000000	0.500000
2013-01-07	100.500000	101.500000	-1.000000
2013-01-08	99.699997	100.500000	-0.800003

結果表示，01-03 相較於前一日（01-02）漲了 1.4 點，01-04 相較於 01-03 漲了 0.5 點。

pandas 提供 diff 指令，可以更容易完成這件工作，見範例 17。

範例 17　計算當日和前一天股票收盤價的差額（二）

程式碼

```
tsmc['Close'].diff().head()
```

執行結果

```
Date
2013-01-02        NaN
2013-01-03    1.400002
2013-01-04    0.500000
2013-01-07   -1.000000
2013-01-08   -0.800003
Name: Close, dtype: float64
```

這麼做還不夠，因為每支股票的數值不同，同樣漲一點，從 10 點漲到 11 點，和 100 點漲到 101 點的意義是不同的。因此，我們更在乎的是改變的百分比，也就是將改變的值除以前一天的股價，為每天的漲跌幅度，稱為日收益率。

- p_t 為當日股價；p_{t-1} 為前一日股價；r_t 是日收益率。

$$r_t = \frac{p_t - p_{t-1}}{p_{t-1}} = \frac{p_t}{p_{t-1}} - 1$$

範例 18　計算每日的日收益率（一）

程式碼

```
tsmc['日收益率'] = tsmc['diff'] / tsmc['shift1']
tsmc.head()
```

執行結果

Date	Close	shift1	diff	日收益率
2013-01-02	99.599998	NaN	NaN	NaN
2013-01-03	101.000000	99.599998	1.400002	0.014056
2013-01-04	101.500000	101.000000	0.500000	0.004950
2013-01-07	100.500000	101.500000	-1.000000	-0.009852
2013-01-08	99.699997	100.500000	-0.800003	-0.007960

在範例 18 的做法要先計算 shift(1)，再算出 diff()，最後再相除，共需要三個步驟。但 pandas 提供了好用的 pct_change 方法，只要一個函數就能做到這三件事，如範例 19。

範例 19 計算每日的日收益率（二）

▌ **程式碼**

```
tsmc['Close'].pct_change().head()
```

▌ **執行結果**

```
Date
2013-01-02          NaN
2013-01-03     0.014056
2013-01-04     0.004950
2013-01-07    -0.009852
2013-01-08    -0.007960
Name: Close, dtype: float64
```

範例 20 請繪製台積電的日收益率直方圖

▌ **程式碼**

```
tsmc['日收益率'].plot(kind='hist',bins=40);
```

▌ **執行結果**

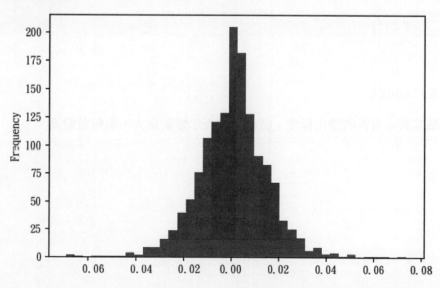

它的形態像常態分布圖，平均在 0 左右，最大值和最小值在 0.1, -0.1 之間，表示每天的漲跌幅度在 10%以內。

範例 21 日收益率的敘述性統計

程式碼

```
tsmc['日收益率'].describe()
```

執行結果

```
count    1457.000000
mean        0.000670
std         0.014667
min        -0.069194
25%        -0.007968
50%         0.000000
75%         0.008734
max         0.073913
Name: 日收益率, dtype: float64
```

平均值很接近 0，最小值 -0.07，最大值為 0.074。

範例 22 日收益率的標準差

程式碼

```
tsmc['日收益率'].std()
```

執行結果

```
0.014667367553766452
```

在統計學中，標準差表示資料的變化程度，值越高，表示變動愈大，風險就愈高。

15-4　股價趨勢研究

在股價的研究中，我們除了在意每日股價的波動外，更在意的是股價的長期**趨勢**。為了更清楚長期的趨勢，我們要將短期的波動做一些處理。譬如：前兩天股價的其中一天跌 10 點，另一天漲 10 點，以趨勢來看應該視為 0。從這個例子各位就應該了解，最簡單得到**趨勢**的方式就是將數天的股票值取平均，如此忽高忽低的情況會互相抵消，剩下的就是長期的趨勢了。

這個觀念就是移動平均的觀念。之所以稱之為「移動」，是因為它會隨著不同天作為基期，往前取 n 天的值來做平均。其次由於移動平均是最近 n 日市場的買賣平均價格，其可視為近期股票擁有者的成本區。移動平均線又簡稱均線。

- 計算移動平均線，用的指令是 rolling(window= 天數)。這個函數會自動幫我們取出前 window 天的數值，取出後可以計算平均值、最大值或最小值。

範例 23 是為了展示均線計算的細節，因此才用 shift() 來執行。

範例 23 計算 3 日均線，步驟一：以列為單位列出三日的值

▌程式碼

```
temp_df = tsmc[['close']]
for i in range(1,3):
    temp_df[f'shift{i}'] = tsmc['Close'].shift(i)
temp_df.head()
```

▌執行結果

Date	Close	shift1	shift2
2013-01-02	99.599998	NaN	NaN
2013-01-03	101.000000	99.599998	NaN
2013-01-04	101.500000	101.000000	99.599998
2013-01-07	100.500000	101.500000	101.000000
2013-01-08	99.699997	100.500000	101.500000

在範例 23 中，我們先用 shift() 將三日的值放在同一列。在範例 24 計算其平均值。skipna=False 表示有遺漏值的資料不計算平均值。

範例 24　計算 3 日均線，步驟二：計算三日平均值（一）

▌程式碼

```
temp_df[' 三天均線 '] = temp_df.mean(axis=1, skipna=False)
temp_df.head()
```

▌執行結果

shift3　三天均線

Date	Close	shift1	shift2	三天均線
2013-01-02	99.599998	NaN	NaN	NaN
2013-01-03	101.000000	99.599998	NaN	NaN
2013-01-04	101.500000	101.000000	99.599998	100.699999
2013-01-07	100.500000	101.500000	101.000000	101.000000
2013-01-08	99.699997	100.500000	101.500000	100.566666

範例 25 再示範用 rolling(3).mean()。可對照一下執行結果和範例 24 的結果是相同的。

範例 25　計算 3 日均線，步驟二：計算三日平均值（二）

▌程式碼

```
tsmc['Close'].rolling(3).mean().head()
```

▌執行結果

```
Date
2013-01-02          NaN
2013-01-03          NaN
2013-01-04    100.699999
2013-01-07    101.000000
2013-01-08    100.566666
Name: Close, dtype: float64
```

範例 26 計算 7 日、14 日、30 日均線

▌ 程式碼

```
tsmc['7天均線'] = tsmc['Close'].rolling(7).mean()
tsmc['14天均線'] = tsmc['Close'].rolling(14).mean()
tsmc['30天均線'] = tsmc['Close'].rolling(30).mean()
tsmc.head(10)
```

▌ 執行結果

Date	Close	shift1	diff	日收益率	7天均線	14天均線	30天均線
2013-01-02	99.599998	NaN	NaN	NaN	NaN	NaN	NaN
2013-01-03	101.000000	99.599998	1.400002	0.014056	NaN	NaN	NaN
2013-01-04	101.500000	101.000000	0.500000	0.004950	NaN	NaN	NaN
2013-01-07	100.500000	101.500000	-1.000000	-0.009852	NaN	NaN	NaN
2013-01-08	99.699997	100.500000	-0.800003	-0.007960	NaN	NaN	NaN
2013-01-09	100.000000	99.699997	0.300003	0.003009	NaN	NaN	NaN
2013-01-10	101.000000	100.000000	1.000000	0.010000	100.471428	NaN	NaN
2013-01-11	101.000000	101.000000	0.000000	0.000000	100.671428	NaN	NaN
2013-01-14	102.000000	101.000000	1.000000	0.009901	100.814285	NaN	NaN
2013-01-15	100.500000	102.000000	-1.500000	-0.014706	100.671428	NaN	NaN

你會發現有很多的遺漏值，這是因為移動平均會取前 n 日的平均值。以 7 日平均線來說，它必須前 6 日都有值才能算出平均值。

範例 27 將收盤和均線畫成圖來觀察

▌程式碼

```
tsmc[['Close','7天均線 ','14天均線 ','30天均線 ']]
.plot(grid=True,figsize=(12,4))
```

▌執行結果

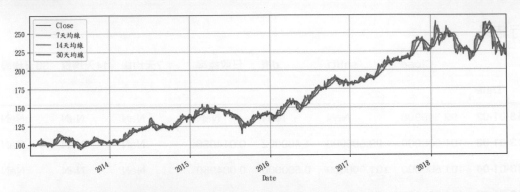

資料太密太多，看不出差異。

範例 28 取出台積電 2018 年的資料（一）

▌程式碼

```
tsmc['2018'].head()
```

▌執行結果

Date	Close	shift1	diff	日收益率	7天均線	14天均線	30天均線
2018-01-02	232.5	229.5	3.0	0.013072	227.857143	227.428571	230.566667
2018-01-03	237.0	232.5	4.5	0.019355	229.214286	228.142857	230.366667
2018-01-04	239.5	237.0	2.5	0.010549	230.785714	228.785714	230.283333
2018-01-05	240.0	239.5	0.5	0.002088	232.785714	229.500000	230.200000
2018-01-08	242.0	240.0	2.0	0.008333	235.214286	230.571429	230.133333

因為資料的 index 已是時間的資料型態，要取出 2018 年的資料就變得非常容易。之前介紹過要取 index 指標要用 .loc[]；但在時間序列裡，目前可以連 .loc[] 都省略。但請注意，未來將不支援這種省略語法。

範例 29 取出台積電 2018 年的資料（二）：用 .loc[ ] 來取

程式碼

```
tsmc.loc['2018'].head()
```

執行結果

Date	Close	shift1	diff	日收益率	7天均線	14天均線	30天均線
2018-01-02	232.5	229.5	3.0	0.013072	227.857143	227.428571	230.566667
2018-01-03	237.0	232.5	4.5	0.019355	229.214286	228.142857	230.366667
2018-01-04	239.5	237.0	2.5	0.010549	230.785714	228.785714	230.283333
2018-01-05	240.0	239.5	0.5	0.002088	232.785714	229.500000	230.200000
2018-01-08	242.0	240.0	2.0	0.008333	235.214286	230.571429	230.133333

因為時間資料的選取很重要，先多做幾個練習。

範例 30 取 2018 年 2 月的資料

程式碼

```
tsmc['2018-02'].head()
```

執行結果

Date	Close	shift1	diff	日收益率	7天均線	14天均線	30天均線
2018-02-01	259.5	255.0	4.5	0.017647	256.714286	253.642857	242.666667
2018-02-02	259.5	259.5	0.0	0.000000	256.928571	255.035714	243.816667
2018-02-05	253.0	259.5	-6.5	-0.025048	256.214286	255.928571	244.666667
2018-02-06	239.0	253.0	-14.0	-0.055336	253.928571	255.714286	245.016667
2018-02-07	240.0	239.0	1.0	0.004184	251.285714	255.107143	245.483333

範例 31　取 2018 年 2 月 5 日到 2 月 10 日的資料

程式碼

```
tsmc['2018-02-05':'2018-02-10']
```

執行結果

Date	Close	shift1	diff	日收益率	7天均線	14天均線	30天均線
2018-02-05	253.0	259.5	-6.5	-0.025048	256.214286	255.928571	244.666667
2018-02-06	239.0	253.0	-14.0	-0.055336	253.928571	255.714286	245.016667
2018-02-07	240.0	239.0	1.0	0.004184	251.285714	255.107143	245.483333
2018-02-08	238.5	240.0	-1.5	-0.006250	249.214286	253.892857	245.933333
2018-02-09	232.5	238.5	-6.0	-0.025157	246.000000	251.821429	246.150000

> **小提醒**
> 在 pandas 的日期索引範圍是用位置來取值;換言之,如果日期索引是由大到小會抓錯資料。範例 32 會示範先將資料重新排序,日期指標由大到小,並將結果存到 df_t。可觀察到日期由大到小。

範例 32　日期由大到小排序的資料(一)

程式碼

```
df_t = tsmc.sort_index(ascending=False).head().copy()
df_t
```

執行結果

Date	Close	shift1	diff	日收益率	7天均線	14天均線	30天均線
2018-12-13	226.0	226.5	-0.5	-0.002208	223.000000	225.571429	226.883333
2018-12-12	226.5	222.5	4.0	0.017978	224.142857	225.035714	227.200000
2018-12-11	222.5	219.0	3.5	0.015982	225.357143	224.500000	227.450000
2018-12-10	219.0	221.0	-2.0	-0.009050	225.785714	224.250000	227.466667
2018-12-07	221.0	220.0	1.0	0.004545	227.214286	224.178571	227.583333

範例 33 日期由大到小排序的資料（二）

▌ 程式碼

```
df_t['2018-12-11':]
```

▌ 執行結果

Date	Close	shift1	diff	日收益率	7天均線	14天均線	30天均線
2018-12-11	222.5	219.0	3.5	0.015982	225.357143	224.500000	227.450000
2018-12-10	219.0	221.0	-2.0	-0.009050	225.785714	224.250000	227.466667
2018-12-07	221.0	220.0	1.0	0.004545	227.214286	224.178571	227.583333

譬如我們要取 2018-12-11 以後，理論上應取到的值為 12-11、12-12、12-13。但輸出結果並非如此。因此你在使用時間序列指標時，要先確定時間指標是由小排到大。

範例 34 **2017 年到 2018 年的收盤和均線圖（一）**

▌ 程式碼

```
tsmc['2017':'2018'][['Close','7天均線','14天均線','30天均線']]
.plot(grid=True,figsize=(12,4))
```

▌ 執行結果

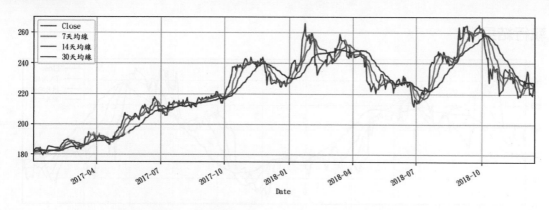

範例 35　**2017 年到 2018 年的收盤和均線圖（二）：用 loc 同時取出列索引鍵和欄索引鍵的範圍**

▌ 程式碼

```
tsmc.loc['2017':'2018',['Close','7 天均線 ','14 天均線 ','30 天均線 ']]
.plot(grid=True,figsize=(12,4))
```

▌ 執行結果

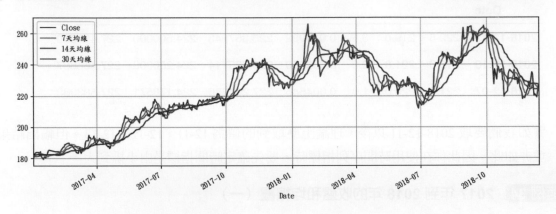

範例 36　**2018 年的收盤和均線圖**

▌ 程式碼

```
tsmc.loc['2018',['Close','7 天均線 ','14 天均線 ','30 天均線 ']]
.plot(grid=True,figsize=(12,4))
```

▌ 執行結果

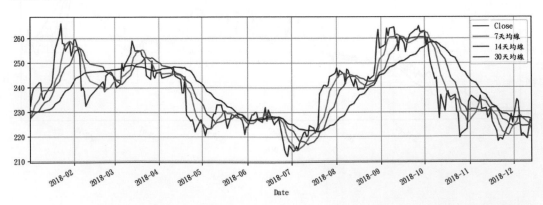

範例 37 前 100 日的收盤和均線圖

程式碼

```
tsmc[-100:][['Close','7天均線','14天均線','30天均線']]
.plot(grid=True,figsize=(12,4))
```

執行結果

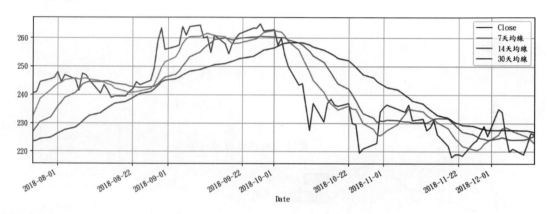

15-5 動態資料的呈現

請注意：由於 plotly 不斷改版，目前這個方法已經不能夠在 google colab 上使用。未來有可能 Jupyter notebook 的使用也會變得不同。我們仍然保留這個範例給讀者，如果將來不能使用我們再刪除。

我們看很多股市分析都能將圖形局部放大或縮小，在 Python 也做得到。在執行這個動作之前，要先安裝 plotly 和 cufflinks。您可以在 Jupyter Notebook 的 cell 裡打：

```
! pip install plotly
! pip install cufflinks
```

接著把它們引用進來：

程式碼

```
import plotly
import cufflinks as cf
cf.go_offline()
```

　　將 plot() 換成 iplot() 即有動態效果。iplot 的好處是可放大部分，或只顯示部分資料欄位，而且可點右方圖例，取消某些欄位。

範例 38 將 2018 年 9 月到 12 月的收盤和均線圖用動態呈現

▌程式碼

```
tsmc.loc['2018-9':'2018-12',['Close','7 天均線 ','14 天均線 ',
'30 天均線 ']].iplot()
```

▌執行結果

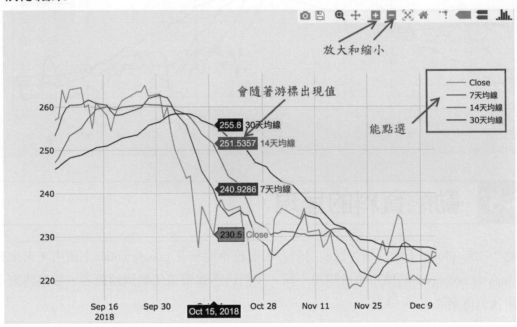

15-6　威廉指標線

威廉指標的公式如下：

$$威廉指標 = \frac{最近\,N\,日內最高價 - 第\,N\,天收盤價}{最近\,N\,日內最高價 - 最近\,N\,日內最低價} \times (-100)$$

範例 39　將威廉指標轉換成 **william()** 函數，其參數為 **df**，預設的 **N** 日為 **9** 天

▋ 程式碼

```
def william(df, day=9):
# n_max 爲最近 N 日內最高價
# n_min 最近 N 日內最低價
    n_max = df['High'].rolling(day).max()
    close = df['Close']
    n_min = df['Low'].rolling(day).min()
    return((n_max-close)/(n_max-n_min)*(-100))
```

因爲需要最高和最低價的資訊，我們先重新載入資料。

▋ 程式碼

```
tsmc = pd.read_excel('stock.xlsx',sheet_name=' 台積 ', index_col='Date')
william(tsmc, 5).head(10)
```

▋ 執行結果

```
Date
2013-01-02           NaN
2013-01-03           NaN
2013-01-04           NaN
2013-01-07           NaN
2013-01-08     -46.938823
2013-01-09     -64.516161
2013-01-10     -19.230781
2013-01-11     -19.230781
2013-01-14      -0.000000
2013-01-15     -53.571370
dtype: float64
```

15-7　同時處理多家公司的股價資訊

通常我們處理的股票不會只有一家，那麼要如何處理呢？我們用 pd.concate(,axis=1) 將這幾家公司的股價資料存放在同一個 DataFrame，其中 keys 的參數會增加一個欄索引鍵，讓我們知道是哪家公司。在 stocks 這個 DataFrame 就有四家公司的最高、最低、開盤及收盤等資訊。

在這一節，其實我們要的欄位就只是收盤價，但為了向讀者展示如何使用多層級索引鍵，因此我們可以把資料弄得比較複雜具有多層級索引。

範例 40　請列出案例中四家公司的最高、最低、開盤及收盤等資訊

▌程式碼

```
tsmc = pd.read_excel('stock.xlsx',sheet_name=' 台積 ', index_col='Date',
date_parser=True)
mk = pd.read_excel('stock.xlsx',sheet_name=' 聯發科 ', index_col='Date',
date_parser=True)
tc = pd.read_excel('stock.xlsx',sheet_name=' 台化 ', index_col='Date',
date_parser=True)
bk = pd.read_excel('stock.xlsx',sheet_name=' 上銀 ', index_col='Date',
date_parser=True)
stocks = pd.concat([tsmc, mk, tc, bk], axis=1,
keys=[' 台積 ',' 聯發科 ',' 台化 ',' 上銀 '])
stocks.head()
```

▌執行結果

| | 台積 | | | | | | 聯發科 | | | | ... |
Date	High	Low	Open	Close	Volume	Adj Close	High	Low	Open	Close	...
2013-01-02	99.900002	97.099998	97.599998	99.599998	40527000	82.511047	325.0	322.0	324.5	325.0	...
2013-01-03	102.000000	100.000000	100.500000	101.000000	44107000	83.670845	329.0	325.5	327.0	326.0	...
2013-01-04	101.500000	100.000000	100.500000	101.500000	39278000	84.085060	314.0	304.5	308.0	305.5	...
2013-01-07	101.000000	99.099998	101.000000	100.500000	40288000	83.256630	302.5	295.0	301.5	301.5	...
2013-01-08	100.000000	98.900002	99.599998	99.699997	31090000	82.593895	303.0	299.0	300.0	302.5	...

5 rows × 24 columns

台化				上銀					
Open	Close	Volume	Adj Close	High	Low	Open	Close	Volume	Adj Close
73.009697	73.203903	5324070	58.793991	184.966995	181.149002	182.421997	183.270004	3600584	169.837601
73.592201	75.533997	8858000	60.665417	187.087997	182.845993	184.966995	185.391006	3552262	171.803162
75.242699	76.310699	10557500	61.289234	184.966995	182.421997	183.270004	182.845993	1978848	169.444687
76.213600	76.213600	7004000	61.211246	180.300995	176.906998	180.300995	176.906998	2434961	163.940964
75.242699	76.116501	4664870	61.133263	176.481995	173.089005	175.210007	175.210007	1420198	162.368362

由於收盤資訊在欄索引鍵，不過因為欄索引鍵是多層級索引鍵，因此要用 xs()。xs 裡面有三個參數：索引鍵 key='Close'、axis=1 表示資訊在欄索引鍵、level=1 在第二層級。範例 41 看看 xs 的使用。

範例 41　取出所有股票的收盤價

程式碼

```
stocks_close = stocks.xs(key='Close', axis=1, level=1)
stocks_close.head()
```

執行結果

Date	台積	聯發科	台化	上銀
2013-01-02	99.599998	325.0	73.203903	183.270004
2013-01-03	101.000000	326.0	75.533997	185.391006
2013-01-04	101.500000	305.5	76.310699	182.845993
2013-01-07	100.500000	301.5	76.213600	176.906998
2013-01-08	99.699997	302.5	76.116501	175.210007

範例 42 　請繪製這四張股票的收盤動態圖

▌ 程式碼

```
stocks.xs('Close', axis=1, level=1).iplot()
```

▌ 執行結果

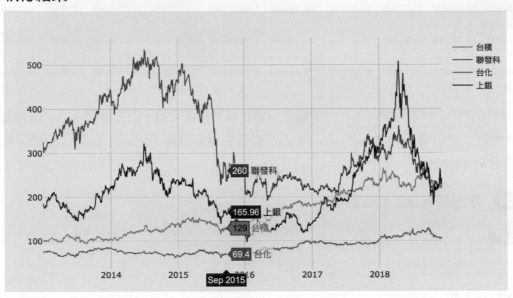

這裡波動最大的是上銀。

範例 43 　請計算所有股票的日收益率

▌ 程式碼

```
stocks.xs(key='Close', axis=1, level=1).pct_change().head()
```

▌ 執行結果

	台積	聯發科	台化	上銀
Date				
2013-01-02	NaN	NaN	NaN	NaN
2013-01-03	0.014056	0.003077	0.031830	0.011573
2013-01-04	0.004950	-0.062883	0.010283	-0.013728
2013-01-07	-0.009852	-0.013093	-0.001272	-0.032481
2013-01-08	-0.007960	0.003317	-0.001274	-0.009593

　　即使有 100 家公司的資訊，也是用一行指令就可以幫忙計算出來；這就不得不佩服 pandas 的強大了！

　　接著要用迴圈將各公司的日收益率算出，再將資料放回原本的 stocks。不過因為 stocks 為多層級欄索引鍵，因此新欄位要用 .loc[:,(,)] 或直接 [(,)]。新資料在最右方，要往右邊拉才看得到。我們來看看範例 44。

範例 44　將所有股票的日收益率放回原本的 **stocks** 變數

▌ 程式碼

```
company = ['台積','聯發科','台化','上銀']
for i in company:
    stocks[(i,'日收益率')] = stocks[(i,'Close')].pct_change()
stocks.head()
```

▌ 執行結果

台積

Date	High	Low	Open	Close	Volume	Adj Close	
2013-01-02	99.900002	97.099998	97.599998	99.599998	40527000	82.511047	⋯
2013-01-03	102.000000	100.000000	100.500000	101.000000	44107000	83.670845	⋯
2013-01-04	101.500000	100.000000	100.500000	101.500000	39278000	84.085060	⋯
2013-01-07	101.000000	99.099998	101.000000	100.500000	40288000	83.256630	⋯
2013-01-08	100.000000	98.900002	99.599998	99.699997	31090000	82.593895	⋯

5 rows × 28 columns

台積 日收益率	聯發科 日收益率	台化 日收益率	上銀 日收益率
NaN	NaN	NaN	NaN
0.014056	0.003077	0.031830	0.011573
0.004950	-0.062883	0.010283	-0.013728
-0.009852	-0.013093	-0.001272	-0.032481
-0.007960	0.003317	-0.001274	-0.009593

　　範例 45 要將資料依公司名稱放在一起，這裡用 sort_index() 來做，因為是針對欄索引鍵來排序，因此 axis=1。而 level=0 表示依公司名稱排序資料。果然，日收益率出現在每家公司裡了。

範例 45　將資料依公司名稱放在一起

┃ 程式碼

```
stocks.sort_index(level=0, axis=1, inplace=True)
stocks.head()
```

┃ 執行結果

上銀							
	Adj Close	Close	High	Low	Open	Volume	日收益率
Date							
2013-01-02	169.837601	183.270004	184.966995	181.149002	182.421997	3600584	NaN …
2013-01-03	171.803162	185.391006	187.087997	182.845993	184.966995	3552262	0.011573 …
2013-01-04	169.444687	182.845993	184.966995	182.421997	183.270004	1978848	-0.013728 …
2013-01-07	163.940964	176.906998	180.300995	176.906998	180.300995	2434961	-0.032481 …
2013-01-08	162.368362	175.210007	176.481995	173.089005	175.210007	1420198	-0.009593 …

5 rows × 28 columns

範例 46 取這四家公司的日收益率

▌ 程式碼

```
stocks.xs('日收益率', axis=1, level=1).head()
```

▌ 執行結果

Date	上銀	台化	台積	聯發科
2013-01-02	NaN	NaN	NaN	NaN
2013-01-03	0.011573	0.031830	0.014056	0.003077
2013-01-04	-0.013728	0.010283	0.004950	-0.062883
2013-01-07	-0.032481	-0.001272	-0.009852	-0.013093
2013-01-08	-0.009593	-0.001274	-0.007960	0.003317

範例 47 請繪製這四家公司的日收益率長條圖

▌ 程式碼

```
stocks.xs('日收益率', axis=1, level=1).\
plot(kind='hist', alpha=0.4, bins=50, legend=True)
```

▌ 執行結果

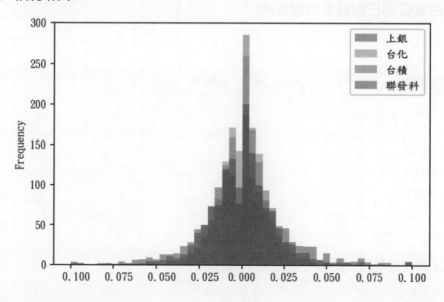

範例 48 請繪製這四家公司的日收益率 **kde** 圖

▌ 程式碼

```
stocks.xs('日收益率', axis=1, level=1).plot(kind='kde')
```

▌ 執行結果

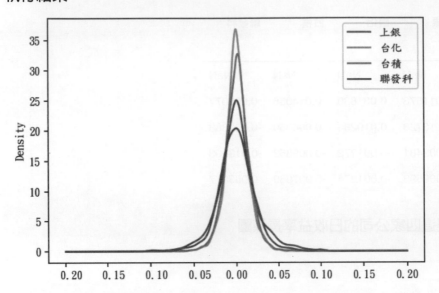

因為範例 47 執行結果中的圖示重疊不清楚,我們用 kde 圖來畫。原則上來說,資料愈扁的表示標準差較大,也就是風險較高。結果發現,上銀最扁風險最高,其次聯發科。

範例 49 請計算四家公司日收益率的標準差

▌ 程式碼

```
stocks.xs('日收益率', axis=1, level=1).std()
```

▌ 執行結果

```
上銀       0.024552
台化       0.014017
台積       0.014667
聯發科      0.020921
dtype: float64
```

上銀標準差最高,其次聯發科。結論與範例 48 的執行結果相符。

範例 50 　請計算四家公司日收益率的相關係數分析

程式碼

```
stocks.xs('日收益率', axis=1, level=1).corr()
```

執行結果

	上銀	台化	台積	聯發科
上銀	1.000000	0.192410	0.250607	0.272607
台化	0.192410	1.000000	0.405487	0.255688
台積	0.250607	0.405487	1.000000	0.360432
聯發科	0.272607	0.255688	0.360432	1.000000

相關係數最高的是台化和台積，而這四家都成正相關。換句話說，這四家同時漲或跌的機率較高。

範例 51 　用 **heatmap** 將相關係數圖形化

程式碼

```
sns.heatmap(stocks.xs('日收益率', axis=1, level=1).corr(),
            annot=True, cmap='coolwarm')
```

執行結果

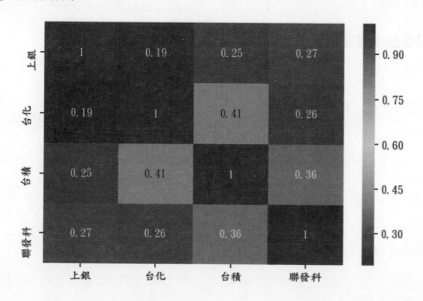

範例 **52**　計算各家公司日收益率的最高值

▌ **程式碼**

```
stocks.xs('日收益率', axis=1, level=1).max()
```

▌ **執行結果**

```
上銀       0.100002
台化       0.079193
台積       0.073913
聯發科     0.100000
dtype: float64
```

範例 **53**　各家公司日收益率最高值是哪一天？

▌ **程式碼**

```
stocks.xs('日收益率', axis=1, level=1).idxmax()
```

▌ **執行結果**

```
上銀       2016-01-18
台化       2015-08-28
台積       2015-08-25
聯發科     2015-08-28
dtype: datetime64[ns]
```

範例 **54**　各家公司日收益率最低值是多少？

▌ **程式碼**

```
stocks.xs('日收益率', axis=1, level=1).min()
```

▌ **執行結果**

```
上銀       -0.100003
台化       -0.082677
台積       -0.069194
聯發科     -0.099398
dtype: float64
```

範例 55 各家公司日收益率最低值是哪一天？

程式碼

```
stocks.xs('日收益率', axis=1, level=1).idxmin()
```

執行結果

```
上銀      2015-06-16
台化      2018-07-05
台積      2013-07-19
聯發科    2015-08-03
dtype: datetime64[ns]
```

15-8　章末習題

1. 請用本章的 stocks 變數繼續練習。stocks 是四家公司的 DataFrame。

(1) 請取出聯發科 2017 年以後的收盤價，並畫成折線圖。

(2) 請取出聯發科 2017 年以後的收盤價，並畫成長條圖。

(3) 請取出聯發科 2017 年以後的日收益率值，並畫成長條圖。

(4) 請計算這四家股價 2017-01-01 以後的日收益率的相關係數。

(5) 請用 heatmap() 來呈現第 (4) 子題相關係數結果。

(6) 請計算這四家公司從 2017 年以後的收盤價，並畫成折線圖。

(7) 請計算這四家公司的前三十日收盤值，並畫成折線圖。

(8) 請繪製這四家公司從 2017 年後的日收益率折線圖。

(9) 承上，請用 resample('W') 取平均再畫一次。

(10)承上，用 iplot 來畫圖。

(11)計算不同的星期幾是否會影響股票收盤價，並將最大值標註顏色（提示：style. highlight_max()）。

第 16 章
pandas
──問卷資料分析

　　由於 Python 功能的強大，讓人不禁想問，Python 在問卷分析上能提供什麼樣子的協助和功能？本章將介紹 Python 在問卷資料分析上的強大功能。

學習重點：

- 遺漏值的檢查
- 如何計算構面的分數
- t 檢定
- Anova 檢定
- 相關係數
- 迴歸
- 標準化迴歸係數值

　　首先，將執行本章所需資源引用進來。

▌ 程式碼

```
%matplotlib inline
import pandas as pd
import numpy as np
import matplotlib.pyplot as plt
import seaborn as sns
plt.rcParams['font.sans-serif'] = ['DFKai-sb']
%config InlineBackend.figure_format = 'retina'
```

16-1 基本資料檢查和遺漏值處理

範例 1 將資料 **ma_res.xlsx** 讀入，並檢查前五筆

▌程式碼

```
df = pd.read_excel('ma_res.xlsx')
df.head()
```

▌執行結果

	SE1	SE2	EE1	EE2	TE1	TE2	AE1	AE2	AAE1	AAE2	...	SAT1	SAT2	SAT3	LY1	LY2	Sex	Age	Marriage	Education	Times
0	5	5	5	5	5	5	5	5	5	5	...	5	5	5	5	5	2	2	2	4	1
1	4	4	4	4	4	4	3	4	4	4	...	4	4	4	4	4	1	4	1	4	1
2	5	5	5	4	4	5	4	4	4	4	...	4	4	4	5	5	2	2	2	4	2
3	5	5	5	5	5	5	5	5	5	5	...	4	4	5	5	5	2	1	2	3	4
4	4	3	4	4	5	3	4	4	5	4	...	5	5	4	4	4	2	3	1	2	4

5 rows × 30 columns

範例 2 檢查有無遺漏值

▌程式碼

```
df.isnull().sum().head()
```

▌執行結果

```
SE1      0
SE2      0
EE1      0
EE2      0
TE1      0
dtype: int64
```

結果無遺漏值。

範例 3　檢查欄位的資料型態

程式碼

```
df.info()
```

執行結果

```
<class 'pandas.core.frame.DataFrame'>
RangeIndex: 186 entries, 0 to 185
Data columns (total 30 columns):
SE1         186 non-null int64
SE2         186 non-null int64
EE1         186 non-null int64
EE2         186 non-null int64
TE1         186 non-null int64
TE2         186 non-null int64
AE1         186 non-null int64
AE2         186 non-null int64
AAE1        186 non-null int64
AAE2        186 non-null int64
SQ1         186 non-null int64
SQ2         186 non-null int64
SQ3         186 non-null int64
SQ4         186 non-null int64
SQ5         186 non-null int64
SQ6         186 non-null int64
SQ7         186 non-null int64
SQ8         186 non-null int64
SQ9         186 non-null int64
SQ10        186 non-null int64
SAT1        186 non-null int64
SAT2        186 non-null int64
SAT3        186 non-null int64
LY1         186 non-null int64
LY2         186 non-null int64
Sex         186 non-null int64
Age         186 non-null int64
Marriage    186 non-null int64
Education   186 non-null int64
Times       186 non-null int64
dtypes: int64(30)
memory usage: 43.7 KB
```

所有欄位題項都是整數（int64），正確！

範例 4　檢查有無異常、不合理的值

▌ **程式碼**

```
df.describe()
```

▌ **執行結果**

	SE1	SE2	EE1	EE2	TE1	TE2	AE1	AE2	AAE1	AAE2
count	186.000000	186.000000	186.000000	186.000000	186.000000	186.000000	186.000000	186.000000	186.000000	186.000000
mean	4.569892	4.629032	4.650538	4.537634	4.500000	4.456989	4.424731	4.478495	4.575269	4.505376
std	0.703625	0.646835	0.721429	0.882982	0.998648	0.959042	1.053812	0.954120	0.868196	0.826895
min	0.000000	0.000000	0.000000	0.000000	0.000000	0.000000	0.000000	0.000000	0.000000	0.000000
25%	4.000000	4.000000	4.000000	4.000000	4.000000	4.000000	4.000000	4.000000	4.000000	4.000000
50%	5.000000	5.000000	5.000000	5.000000	5.000000	5.000000	5.000000	5.000000	5.000000	5.000000
75%	5.000000	5.000000	5.000000	5.000000	5.000000	5.000000	5.000000	5.000000	5.000000	5.000000
max	5.000000	5.000000	5.000000	5.000000	5.000000	5.000000	5.000000	5.000000	5.000000	5.000000

8 rows × 30 columns

	SAT1	SAT2	SAT3	LY1	LY2	Sex	Age	Marriage	Education	Times
...	186.000000	186.000000	186.000000	186.000000	186.000000	186.000000	186.000000	186.000000	186.000000	186.000000
...	4.677419	4.505376	4.543011	4.661290	4.666667	1.564516	3.951613	1.252688	2.225806	2.924731
...	0.626639	1.086762	0.930434	0.849996	0.848953	0.497158	1.356794	0.459869	1.035886	1.241068
...	0.000000	0.000000	0.000000	0.000000	0.000000	1.000000	1.000000	1.000000	1.000000	1.000000
...	4.000000	4.000000	4.000000	5.000000	5.000000	1.000000	3.000000	1.000000	1.000000	2.000000
...	5.000000	5.000000	5.000000	5.000000	5.000000	2.000000	4.000000	1.000000	2.000000	4.000000
...	5.000000	5.000000	5.000000	5.000000	5.000000	2.000000	5.000000	1.000000	3.000000	4.000000
...	5.000000	5.000000	5.000000	5.000000	5.000000	2.000000	6.000000	3.000000	4.000000	4.000000

資料共 186 筆，李克特量表範圍是 1-5。最小值怎麼會有 0？原來這位同學將遺漏值用 0 來輸入。

我們要怎麼知道有沒有遺漏值呢？先用 (df == 0) 創造出布林值的 DataFrame，True 表示其值為 0，False 則非；再透過 .any(axis=1)，表示只要任一橫向的值有一個為 True 則會傳 True。最後再將這些有爭議的資料取出。確實可以看到 0 的存在。

範例 5　檢查哪些筆資料有遺漏值

程式碼

```
df[(df == 0).any(axis=1)].head()
```

執行結果

	SE1	SE2	EE1	EE2	TE1	TE2	AE1	AE2	AAE1	AAE2	...	SAT1	SAT2	SAT3	LY1	LY2	Sex	Age	Marriage	Education	Times
10	2	4	4	4	4	4	4	4	4	4	...	4	4	4	4	2	4		1	4	4
28	4	4	4	4	0	4	4	4	0	4	...	4	0	4	4	4	2	3	1	3	1
29	4	4	4	4	0	4	4	4	0	4	...	4	0	4	4	4	2	3	1	3	1
37	4	4	5	5	4	5	4	4	0	...	4	5	3	4	2	3		1	4	1
86	5	5	5	5	5	5	5	5	5	5	...	4	4	4	4	2	5		1	2	3

5 rows × 30 columns

範例 6　檢查總遺漏值為 0 的個數

程式碼

```
(df == 0).sum().sum()
```

執行結果

```
83
```

共 83 筆。

範例 7　將 0 的值換成 np.NaN（np.NaN 為 pandas 內建的遺漏值表示方式）

程式碼

```
df.replace(0,np.NaN,inplace=True)
print(f' 資料為 0 的個數 {(df == 0).sum().sum()},\
資料為 np.NaN 的個數 {df.isnull().sum().sum()}')
```

執行結果

資料為 0 的個數 0, 資料為 np.NaN 的個數 83

範例 8 將遺漏值用各題項的平均值取代。遺漏值的填補會索引鍵自動對齊，這也是 **pandas** 很方便的功能

▎程式碼

```
df.fillna(df.mean(), inplace=True)
df.isnull().sum().sum()
```

▎執行結果

```
0
```

16-2 構面分析

　　這份問卷是做體驗行銷的調查，題項可分成四大構面，分別為體驗行銷、服務品質、滿意度和忠誠度。題項與構面的對應關係如下：

- SE1-AAE2 為體驗行銷題目。
- SQ1-SQ10 為服務品質題目。
- SAT1-SAT3 為滿意度。
- LY1-LY2 為忠誠度。

範例 9 印出列索引鍵的欄位

▎程式碼

```
df.columns
```

▎執行結果

```
Index(['SE1', 'SE2', 'EE1', 'EE2', 'TE1', 'TE2', 'AE1', 'AE2', 'AAE1', 'AAE2',
       'SQ1', 'SQ2', 'SQ3', 'SQ4', 'SQ5', 'SQ6', 'SQ7', 'SQ8', 'SQ9', 'SQ10',
       'SAT1', 'SAT2', 'SAT3', 'LY1', 'LY2', 'Sex', 'Age', 'Marriage',
       'Education', 'Times'],
      dtype='object')
```

範例 10　用平均值的方式來創造四個構面的值

程式碼

```
df[' 體驗行銷 ']=df.loc[:,'SE1':'AAE2'].mean(axis=1)
df[' 服務品質 ']=df.loc[:,'SQ1':'SQ10'].mean(axis=1)
df[' 滿意度 ']=df.loc[:,'SAT1':'SAT3'].mean(axis=1)
df[' 忠誠度 ']=df.loc[:,'LY1':'LY2'].mean(axis=1)
df.columns
```

執行結果

```
Index(['SE1', 'SE2', 'EE1', 'EE2', 'TE1', 'TE2', 'AE1', 'AE2', 'AAE1', 'AAE2',
       'SQ1', 'SQ2', 'SQ3', 'SQ4', 'SQ5', 'SQ6', 'SQ7', 'SQ8', 'SQ9', 'SQ10',
       'SAT1', 'SAT2', 'SAT3', 'LY1', 'LY2', 'Sex', 'Age', 'Marriage',
       'Education', 'Times', ' 體驗行銷 ', ' 服務品質 ', ' 滿意度 ', ' 忠誠度 '],
       dtype='object')
```

四個新增的欄位被加在最後的位置。

範例 11　請取出「**Sex**」欄位以後的資料

程式碼

```
df = df.loc[:,'Sex':' 忠誠度 ']
df.head()
```

執行結果

	Sex	Age	Marriage	Education	Times	體驗行銷	服務品質	滿意度	忠誠度
0	2	2	2	4	1	5.0	5.0	5.000000	5.0
1	1	4	1	4	1	3.9	4.0	4.000000	4.0
2	2	2	2	4	2	4.4	4.1	4.000000	5.0
3	2	1	2	3	4	5.0	4.8	4.333333	5.0
4	2	3	1	2	4	4.0	4.5	4.666667	4.0

因為之後的分析只需個人基本變項和四大構面，我們先取出這部分的值。

範例 12 請計算男女生樣本的人數（一）

▍程式碼

```
df.groupby('Sex').size()
```

▍執行結果

```
Sex
1     81
2    105
dtype: int64
```

數字 1 在問卷資料是男生，男生有 81 人，女生有 105 人。

範例 13 請計算男女生樣本的人數（二），另一種解法

▍程式碼

```
df['Sex'].value_counts()
```

▍執行結果

```
2    105
1     81
Name: Sex, dtype: int64
```

範例 14 男女生在「體驗行銷」的平均值

▍程式碼

```
df.groupby('Sex')[' 體驗行銷 '].mean()
```

▍執行結果

```
Sex
1    4.534023
2    4.699123
Name: 體驗行銷 , dtype: float64
```

雖然女生稍高於男生，但我們能推論女生在體驗行銷上，認知高於男生嗎？不行，要看資料重疊的部分是否很多。平均值只是兩樣本代表的點。從學術上來說，若要做這樣的推論，要進行的是獨立樣本 t 檢定，本章稍後會介紹。

範例 15　男女生在「體驗行銷」的直方圖

▌ 程式碼

```
ax = df.groupby('Sex')[' 體驗行銷 '].\
plot(kind='hist', alpha=0.5, bins=10, legend=True)
ax[1].legend([' 男 ',' 女 '])
```

▌ 執行結果

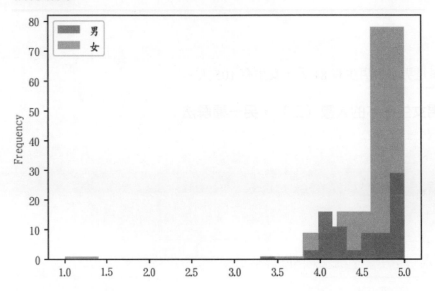

這個圖形不好解讀，因為女生的人數大於男生。換言之，這兩個樣本數並非均等。因此單從次數來看，女生高於男生的機會是較高的。所以在圖形參數裡，我們可以加 density=True，來解決樣本數不均等的問題。

範例 16　將範例 15 加入 **density=True** 以解決樣本數不均等的問題

▌ 程式碼

```
ax = df.groupby('Sex')[' 體驗行銷 '].\
plot(kind='hist', alpha=0.5, bins=10, legend=True, density=True)
ax[1].legend([' 男 ',' 女 '])
```

❚ 執行結果

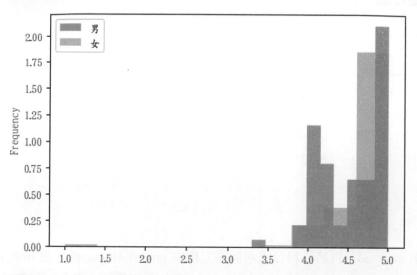

以資料所佔的比例來看，男生給的分數比較兩極，5 分的比例比女生高，4 分的比例同樣也比女生高。從圖形上，各位認爲男女對於「體驗行銷」的平均觀點是否相等呢？

範例 17　用箱型圖來看男女在體驗行銷的差異

❚ 程式碼

```
df.boxplot(by='Sex', column=' 體驗行銷 ');
```

❚ 執行結果

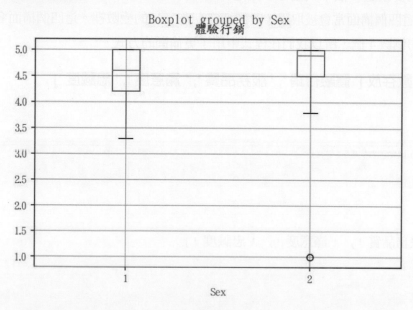

從箱型圖也可看出女生的平均分數較高。

範例 18 進行「體驗行銷」在性別的 t 檢定

▌程式碼

```
from scipy.stats import ttest_ind
group1 = df[df['Sex']==1]['體驗行銷']
group2 = df[df['Sex']==2]['體驗行銷']
t, p = ttest_ind(group1,group2)
print(f't 值爲 {t:.3f}, p 值爲 {p:.3f}')
```

▌執行結果

t 值爲 -2.416, p 值爲 0.017

載入 t 檢定套件模組 ttest_ind，再將資料分成兩個獨立樣本 group1 和 group2。用 ttest_ind 來做 t 檢定，其回傳爲 t 值和 p 值。因爲 p 值小於 0.05，因此我們推論，男女生在體驗行銷上有統計顯著上的差異。

16-3　性別在四個構面的差異

在 16-2 節中，我們介紹如何分析性別在「體驗行銷」上的差異；但能不能夠一次分析四個構面，而不要做四次呢？本節將探討如何實現這個可能。

在範例 19 中，我們要創造一個串列變數，用它來存放 [' 體驗行銷 ',' 服務品質 ',' 滿意度 ',' 忠誠度]，因爲這四個構面常會被取用，我們把它存在 cols 的變數裡。這四個構面名字剛好是 df.columns 裡的倒數 4 個，所以我們在程式中用了更偷懶的方式。

範例 19 創造一個變數存放 [' 體驗行銷 ',' 服務品質 ',' 滿意度 ',' 忠誠度 ']

▌程式碼

```
cols = list(df.columns[-4:])
cols
```

▌執行結果

[' 體驗行銷 ', ' 服務品質 ', ' 滿意度 ', ' 忠誠度 ']

範例 20　男女生在四構面的平均值（將資料依性別分成兩群，再取出四構面的資料做平均）

▍程式碼

```
df.groupby('Sex')[cols].mean()
```

▍執行結果

	體驗行銷	服務品質	滿意度	忠誠度
Sex				
1	4.534023	4.585307	4.594673	4.701228
2	4.699123	4.759050	4.768897	4.816824

範例 21　請將範例 20 的執行結果繪製成圖

▍程式碼

```
df.groupby('Sex')[cols].mean().plot(kind='bar')
```

▍執行結果

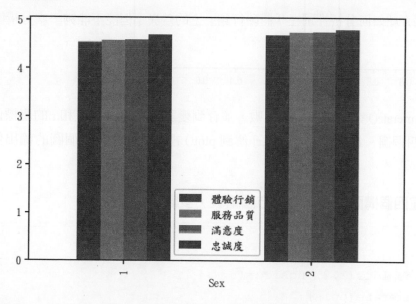

從平均值來看，女生給的分數「似乎」普遍較高。

接下來要繪製不同性別在四個構面的分布，本例中用直方圖繪製。第一步先產生四個框架，用 plt.subplots(2,2)，axes 變數能控制你要出現在哪一個小框，最左上的是 axes[0,0]，最右下的是 axes[1,1]。

範例 22　不同性別在四個構面的分布用直方圖繪製，步驟一

▋程式碼

```
fig, axes = plt.subplots(2,2, figsize=(6,4))
```

▋執行結果

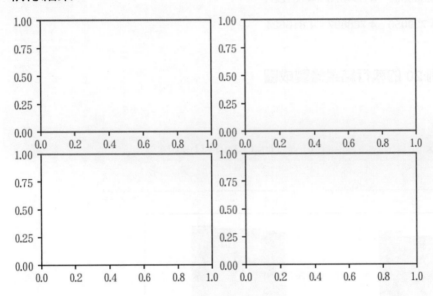

接下來，我們用 enumerate() 來得到運行的次數，並存到變數 i。用 i 算出 c 和 r 的座標位置，就能一次畫出四個圖。最後再將 axes[c,r] 傳到 plot() 裡，就能控制每個圖的輸出位置。

範例 23　不同性別在四個構面的分布用直方圖繪製，步驟二

▋程式碼

```
fig, axes = plt.subplots(2,2, figsize=(6,4))
for i, col in enumerate(cols):
    c = i//2
    r = i%2
    df.groupby('Sex')[col].\
    plot(kind='hist', bins=8, alpha=0.5, legend=True,
```

```
                     density=True, ax=axes[c,r])
    axes[c,r].legend(['男','女'])
    axes[c,r].set_title(col)
plt.tight_layout()
```

執行結果

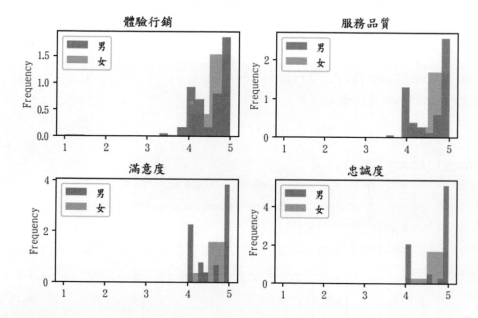

範例 24　算出四個構面在性別的 t 檢定

程式碼

```
from scipy.stats import ttest_ind
group1 = df[df['Sex']==1][cols]
group2 = df[df['Sex']==2][cols]
ts, ps = ttest_ind(group1,group2)
for col, t, p in zip(cols,ts,ps):
    print(f'{col:<5},t 值 {t:.3f} ,p 值 {p:.3f}')
```

執行結果

```
體驗行銷 ,t 值 -2.416 ,p 值 0.017
服務品質 ,t 值 -2.517 ,p 值 0.013
滿意度   ,t 值 -2.463 ,p 值 0.015
忠誠度   ,t 值 -1.622 ,p 值 0.106
```

在「體驗行銷」、「服務品質」、「滿意度」的 p 值小於 0.05，表示這些構面在性別上有統計顯著的差異。忠誠度則大於 0.05，表示其在性別上是沒有統計上顯著的差異。

我們希望能進一步在圖形上加註 p 值，唯一需修改的是在 set_title 的地方，將 p 值加入即可。

範例 25 不同性別在四個構面的分布用直方圖繪製，並加註 p 值

▌ **程式碼**

```python
fig, axes = plt.subplots(2,2, figsize=(6,4))
for i, col in enumerate(cols):
    c = i//2
    r = i%2
    df.groupby('Sex')[col].\
    plot(kind='hist', bins=8, alpha=0.5, legend=True,
                            density=True, ax=axes[c,r])
    axes[c,r].legend(['男','女'])
    axes[c,r].set_title(f'{col}, {ps[i]:.2f}')
plt.tight_layout()
```

▌ **執行結果**

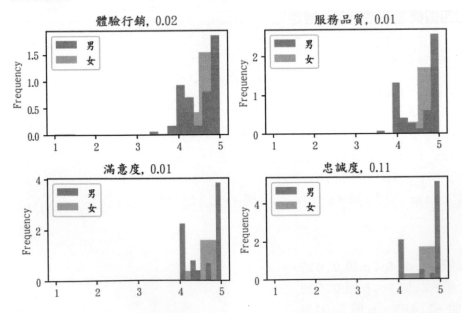

16-4　教育程度在四個構面的差異

範例 26　不同教育程度的人數（1 到 4 分別表示高中、專科、大學、研究所）

▌ 程式碼

```
df.groupby('Education').size()
```

▌ 執行結果

```
Education
1    61
2    44
3    59
4    22
dtype: int64
```

範例 27　不同教育程度在各構面的平均數

▌ 程式碼

```
df.groupby('Education')[cols].mean().round(2)
```

▌ 執行結果

Education	體驗行銷	服務品質	滿意度	忠誠度
1	4.60	4.62	4.66	4.73
2	4.66	4.74	4.73	4.80
3	4.74	4.79	4.81	4.86
4	4.35	4.46	4.39	4.57

範例 28　請將範例 27 的執行結果繪製成圖

程式碼

```
df.groupby('Education')[cols].mean().plot(kind='bar')
```

執行結果

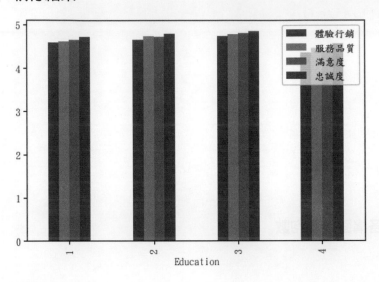

範例 29　將範例 28 執行結果中的列索引鍵和欄索引鍵位置互換

程式碼

```
df.groupby('Education')[cols].mean().T.plot(kind='bar')
```

執行結果

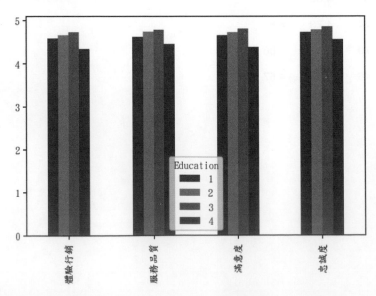

要完成這個範例，需先將列索引鍵和欄索引鍵位置互換，也就是轉置資料，然後再畫圖。轉置的做法用 .T。觀察執行結果，發現有趣的一點：教育程度「研究所」（即編碼 4）那一級分數給的較低。

範例 30 用 anova 檢定來看看不同教育程度是否對各構面有影響

▍ **程式碼**

```
# 載入統計模組
from scipy.stats import f_oneway
group1 = df[df['Education']==1][cols]
group2 = df[df['Education']==2][cols]
group3 = df[df['Education']==3][cols]
group4 = df[df['Education']==4][cols]
fs, ps = f_oneway(group1,group2,group3,group4)
for col, f, p in zip(cols,fs,ps):
    print(f'{col:<5}, F值{f:.3f}, p值{p:.3f}')
```

▍ **執行結果**

```
體驗行銷 , F值3.994, p值0.009
服務品質 , F值3.214, p值0.024
滿意度  , F值4.387, p值0.005
忠誠度  , F值2.105, p值0.101
```

當類別型變數的個數超過 2 時，就要選用 anova（單因子變異量）來做分析。用 f_oneway 來做 anova 檢定，回傳為 f 和 p 值。在「體驗行銷」、「服務品質」、「滿意度」的 p 值小於 0.05，表示這些構面在教育程度上是有統計顯著差異。忠誠度則無顯著差異。

16-5   四個構面的相關性分析

範例 31   四構面的相關係數

▌ 程式碼

```
df[cols].corr().round(2)
```

▌ 執行結果

	體驗行銷	服務品質	滿意度	忠誠度
體驗行銷	1.00	0.87	0.82	0.82
服務品質	0.87	1.00	0.90	0.83
滿意度	0.82	0.90	1.00	0.87
忠誠度	0.82	0.83	0.87	1.00

相關性都很高。

範例 32   請繪製體驗行銷和服務品質的散布圖

▌ 程式碼

```
df.plot(kind='scatter', x=' 體驗行銷 ',y=' 服務品質 ')
```

▌ 執行結果

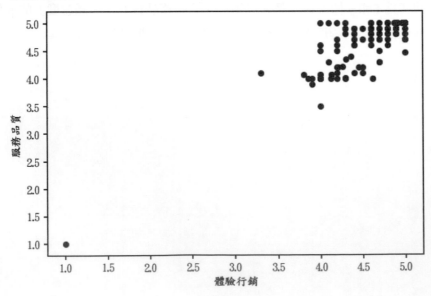

範例 33 承上，想了解不同性別的散布差異

程式碼

```
df.plot(kind='scatter', x='體驗行銷',y='服務品質',c='Sex',cmap='coolwarm')
```

執行結果

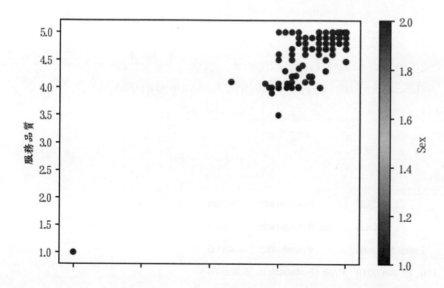

16-6　迴歸分析

假設滿意度同時受到體驗行銷和服務品質的影響，即滿意度為應變數，體驗行銷和服務品質為自變數。在表裡，有 R 平方值 0.82；迴歸係數和一些檢定。

範例 34

▌程式碼

```
from statsmodels.formula.api import ols
results = ols(' 滿意度 ~ 體驗行銷 + 服務品質 ',data=df).fit()
results.summary()
```

▌執行結果

OLS Regression Results

Dep. Variable:	滿意度	R-squared:	0.825
Model:	OLS	Adj. R-squared:	0.823
Method:	Least Squares	F-statistic:	431.5
Date:	Thu, 27 Jun 2019	Prob (F-statistic):	5.32e-70
Time:	11:30:50	Log-Likelihood:	33.337
No. Observations:	186	AIC:	-60.67
Df Residuals:	183	BIC:	-51.00
Df Model:	2		
Covariance Type:	nonrobust		

	coef	std err	t	P>|t|	[0.025	0.975]
Intercept	0.2541	0.154	1.649	0.101	-0.050	0.558
體驗行銷	0.1627	0.065	2.519	0.013	0.035	0.290
服務品質	0.7871	0.064	12.326	0.000	0.661	0.913

Omnibus:	19.090	Durbin-Watson:	1.811
Prob(Omnibus):	0.000	Jarque-Bera (JB):	60.192
Skew:	-0.275	Prob(JB):	8.50e-14
Kurtosis:	5.732	Cond. No.	69.7

Warnings:
[1] Standard Errors assume that the covariance matrix of the errors is correctly specified.

範例 35 取出範例 **34** 執行結果中的迴歸係數

▌ 程式碼

```
results.params
```

▌ 執行結果

```
Intercept      0.254092
體驗行銷        0.162704
服務品質        0.787051
dtype: float64
```

體驗行銷是 0.16，服務品質是 0.79。

範例 36 取出範例 **34** 執行結果中的 **p** 值

▌ 程式碼

```
results.pvalues.round(3)
```

▌ 執行結果

```
Intercept      0.101
體驗行銷        0.013
服務品質        0.000
dtype: float64
```

體驗行銷和服務品質均 <0.05，達統計顯著。

範例 37 將上式係數和 **p** 值結果整理成 **DataFrame** 呈現

▌ 程式碼

```
pd.DataFrame({' 係數 ':results.params,'p 值 ':results.pvalues}).round(3)
```

▌ 執行結果

	係數	p值
Intercept	0.254	0.101
體驗行銷	0.163	0.013
服務品質	0.787	0.000

範例 38　R 平方

程式碼

```
results.rsquared
```

執行結果

```
0.8250522134788756
```

範例 38 的執行結果為非標準化的結果。如果要得到標準化的結果，要先將變數都標準化。
動作是先標準化四個構面，將各欄的值減去其平均值之後，再除以標準差。

範例 39　標準化的迴歸係數，步驟一。這裡所進行的減法和除以標準差都會自動依照索引鍵對齊

程式碼

```
df[cols] = (df[cols] - df[cols].mean())/df[cols].std()
pd.DataFrame({' 平均值 ':df[cols].mean(), 'p 值 ':df[cols].std()})
```

執行結果

	平均值	p值
體驗行銷	-2.228840e-15	1.0
服務品質	-1.366887e-16	1.0
滿意度	-3.071617e-15	1.0
忠誠度	1.713086e-16	1.0

果然四個構面的平均值都接近 0，標準差都為 1。

再將標準化後的資料來進行迴歸分析。

範例 40 標準化的迴歸係數，步驟二

程式碼

```
results = ols('滿意度 ~ 體驗行銷 + 服務品質',data=df).fit()
pd.DataFrame({'係數':results.params,'p值':results.pvalues}).round(3)
```

執行結果

	係數	p值
Intercept	-0.000	1.000
體驗行銷	0.157	0.013
服務品質	0.769	0.000

雖然結果跟原本還是很接近，但這個才是標準化後的係數。

16-7　章末習題

1. 請延續上面的四構面來進行作業。

   (1) 請算出「Marriage」的類別資料次數。數值 1 為已婚，2 為未婚，3 為其他（喪偶）等。

   (2) 請取出 Marriage 等於 1 和 2 的資料，並採用 t 檢定檢查。

   (3) 假設忠誠度同時受到滿意度、體驗行銷和服務品質影響，請進行迴歸分析，算出迴歸係數和 p 值。

第 17 章
pandas
——字串處理

　　文字處理雖然放在這麼後面，但其實是非常重要的；通常我們拿到手的資料都是不齊全，或是有錯字的資料，這時候會進行所謂的資料清理，也就是將有問題的資料逐一修正過來。這個問題說簡單其實也簡單，雖然可以用人工的方式，將每一筆有問題的資料修正過來；但當資料量一大的時候，就會很希望有位助理幫忙處理這些瑣碎的事兒。因此本章將介紹如何處理 DataFrame 裡的資料。

　　雖然 Python 本身提供了許多好用的函數來處理文字，如 split()、find()、replace() 等；但當資料的複雜程度再高一些時，就必須使用所謂的「正規表達式」來處理。正規表達式的正確名稱是「一般表達式」，透過將資料用更抽象的表達（譬如：三個數字為 \d{3}），我們對資料的處理彈性可更大。如同各位所見，正規表達式的寫法是相當的「程式設計風」的，也就是很不人性化；但如果各位學會，就如同在工具箱裡獲得一個非常好用的寶貝，因此很建議各位花些時間來學習。而本章也只做簡單的介紹。筆者要怎麼證明，正規表達式的學習是值得的呢？其實在 Python 裡，除了 DataFrame 可用正規表達外，在網路爬蟲更是常用，幾乎其所有函數都支援正規表達式。

　　在這一章中，我們刻意將同一個範例用不同的函數和做法來解決，就是為了讓讀者了解如何用各種不同的函數來解決相同的問題。我們最常用的功能包括文字的取代 replace，將符合條件的資料找出 contains，將符合條件的資料取出 extract，以及做文字的切割 split。

學習重點：

- .str
- .str.replace()
- .str.contains()
- 正規表達式的語法
- .str.split()
- .str.extract()

　　首先引用本章會用到的套件：

▍ 程式碼

```
%matplotlib inline
import numpy as np
import pandas as pd
import matplotlib.pyplot as plt
```

再引入本章所需資料：

▌ 程式碼

```
data = {'名字':['張小風小妹','王二先生','徐1大人先生','吳三四小姐'],
        '電話':['(03)-7788991','(047)-2286678','(09)-2348878',
'(05)-7788336'],
        'E-mail':['Email:aff3@cii.edu.tw','Email:sefa@gamil.com.
tw','asef@gmail.com.tw','sfase@chu.as.tw'],
        '出生年':['61-08-07','66-02-03','73-03-15','77-02-08']}
df = pd.DataFrame(data)
df
```

▌ 執行結果

	名字	電話	E-mail	出生年
0	張小風小妹	(03)-7788991	Email:aff3@cii.edu.tw	61-08-07
1	王二先生	(047)-2286678	Email:sefa@gamil.com.tw	66-02-03
2	徐1大人先生	(09)-2348878	asef@gmail.com.tw	73-03-15
3	吳三四小姐	(05)-7788336	sfase@chu.as.tw	77-02-08

17-1 pandas 裡的字串處理

　　首先，Python 的字串函數並不能在 pandas 裡直接使用，而是需要透過 .str 才能使用；換言之，pandas 必須看到 .str，才會對整欄的字串做相應的動作。pandas 的字串函數能搭配「正規表達式」，對於複雜的字串處理，仍可使用 apply() 或迴圈來進行。

範例 1 請取出「名字」欄位裡的姓

▌ 程式碼

```
df['名字'].str[0]
```

▌ 執行結果

```
0    張
1    王
2    徐
3    吳
Name: 名字, dtype: object
```

在程式碼中，df[' 名字 '].str 就表示對「名字」欄位進行字串的操作，而 [0] 就會將第一個元素取出。

範例 2 取出「名字」欄位裡的最後兩個字（先生或小姐）

▌ **程式碼**

```
df[' 名字 '].str[-2:]
```

▌ **執行結果**

```
0      小妹
1      先生
2      先生
3      小姐
Name: 名字 , dtype: object
```

範例 3 請將「名字」欄位裡的小妹換成小姐

▌ **程式碼**

```
df[' 名字 '] = df[' 名字 '].str.replace(' 小妹 ',' 小姐 ')
df[' 名字 ']
```

▌ **執行結果**

```
0      張小風小姐
1      王二先生
2      徐 1 大人先生
3      吳三四小姐
Name: 名字 , dtype: object
```

範例 4 請指出「名字」欄位裡有數字的資料

┃ 程式碼

```
df[' 名字 '].str.contains('\d')
```

┃ 執行結果

```
0      False
1      False
2       True
3      False
Name: 名字 , dtype: bool
```

程式碼中用 .str.contains('\d') 來取字串中的數字，這裡比較特別的是 \d，它代表的是數字，回傳會是布林值的 Series。可想而知，我們就可以將這個結果當成過濾器來取值。

範例 5 用布林值取值方式，將「名字」欄位裡有數字的資料取出

┃ 程式碼

```
df[df[' 名字 '].str.contains('\d')]
```

┃ 執行結果

	名字	電話	E-mail	出生年
2	徐1大人先生	(09)-2348878	asef@gmail.com.tw	73-03-15

範例 6 找出「名字」欄位裡姓「徐」的資料

┃ 程式碼

```
df[df[' 名字 '].str.contains(' 徐 ')]
```

┃ 執行結果

	名字	電話	E-mail	出生年
2	徐1大人先生	(09)-2348878	asef@gmail.com.tw	73-03-15

範例 **7** 找出「名字」欄位裡是「小姐」的人

程式碼

```
df[df['名字'].str.contains('小姐')]
```

執行結果

	名字	電話	E-mail	出生年
0	張小風小姐	(03)-7788991	Email:aff3@cii.edu.tw	61-08-07
3	吳三四小姐	(05)-7788336	sfase@chu.as.tw	77-02-08

範例 **8** 計算「名字」欄位裡各有幾個字

程式碼

```
df['名字'].str.len()
```

執行結果

```
0    5
1    4
2    6
3    5
Name: 名字, dtype: int64
```

17-2 正規表達式

　　正規表達式的英文是 regular expression，筆者認為比較好的翻譯是「一般表達式」，因為這更符合其本意。但不知歷史緣由為何，在當時選擇用正規表達式的翻譯來表示 regular expression。

　　什麼是正規或一般表達呢？以數字來做比喻，譬如：數字是用 \d 來表示，三個數字可用 \d\d\d 或 \d{3}，在資料表達上就能用比較簡潔的方式來描述資料特徵。譬如，我們想要取得文章裡的文字、數字或標點符號，在正規表達式裡，可以簡單用幾個符號來表示，我們用以下例子來介紹。

- 文字（含數字）用 \w。
- 文字（不含數字）用 [a-zA-Z]。
- 數字用 \d。
- 以 {} 表示要出現幾次，如：\d{2} 或 \d\d 為數字出現兩次。
- 標點符號用 [.,;]，中括號表示列舉比對內容。

我們可以利用以下的網站來做學習和實驗。

https://regex101.com

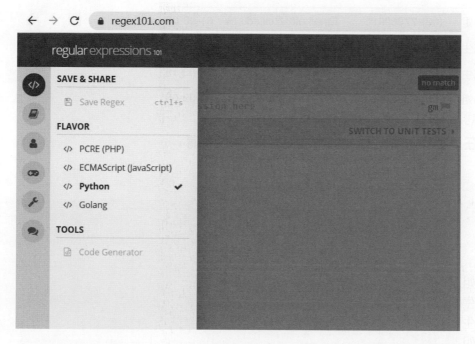

- 記得左方要選 Python(chooce PYTHON)，如此 \w 才會包括中文。

　　首先要用的函數是 str.replace()，我們要將 '\d' 取代成 "。另外，在正規表達式裡，我們習慣在字串前加 r（raw 的縮寫）來告訴 Python 不要去處理之後的字串。

範例 9　把徐 1 大人先生裡的 1 拿掉

▌程式碼

```
df[' 名字 '] = df[' 名字 '].str.replace(r'\d','')
df
```

▌執行結果

	名字	電話	E-mail	出生年
0	張小風小姐	(03)-7788991	Email:aff3@cii.edu.tw	61-08-07
1	王二先生	(047)-2286678	Email:sefa@gamil.com.tw	66-02-03
2	徐大人先生	(09)-2348878	asef@gmail.com.tw	73-03-15
3	吳三四小姐	(05)-7788336	sfase@chu.as.tw	77-02-08

範例 10　請在「名字」欄位取出姓，並取出最後的稱謂

▌程式碼

```
df[' 名字 '].str[0] + df[' 名字 '].str[-2:]
```

▌執行結果

```
0     張小姐
1     王先生
2     徐先生
3     吳小姐
Name: 名字 , dtype: object
```

範例 11　用正規表達式，重做範例 10

▌程式碼

```
df[' 名字 '].str.replace(r'(\w)\w*(\w{2})',r'\1\2')
```

▌執行結果

```
0     張小姐
1     王先生
2     徐先生
3     吳小姐
Name: 名字 , dtype: object
```

在正規表達式裡，( ) 表示群組。\w 表示文字，(\w) 表示第一個文字，放到第一個群組，取用就用代碼 \1。\w* 表示數個（含 0 個）文字，(\w{2}) 表示倒數二個文字，放到第二個群組，取用代碼是 \2。

17-3 處理 E-mail

範例 12 先看一下「**Email**」欄位裡的字串資料

▌ 程式碼

```
df['E-mail']
```

▌ 執行結果

```
0        Email:aff3@cii.edu.tw
1      Email:sefa@gamil.com.tw
2            asef@gmail.com.tw
3            sfase@chu.as.tw
Name: E-mail, dtype: object
```

假設要取出 Email address 中 @ 後面的值，如：spolo@chu.edu.tw → chu.edu.tw，將字串分割是用 split()，但在 pandas 要用 .str.split()，其回傳結果為 Series，其內容為 split() 分割後的串列。

範例 13 用 **.split()** 來取值

▌ 程式碼

```
df['E-mail'].str.split('@')
```

▌ 執行結果

```
0        [Email:aff3, cii.edu.tw]
1      [Email:sefa, gamil.com.tw]
2          [asef, gmail.com.tw]
3             [sfase, chu.as.tw]
Name: E-mail, dtype: object
```

範例 14 承範例 13，既然回傳是 Series，我們可以用 **str.get()** 取出位置 **1** 的值（一）

▌程式碼

```
df['E-mail'].str.split('@').str.get(1)
```

▌執行結果

```
0       cii.edu.tw
1     gamil.com.tw
2     gmail.com.tw
3        chu.as.tw
Name: E-mail, dtype: object
```

範例 15 承範例 13，既然回傳是 Series，我們可以用 **str[1]** 取出位置 **1** 的值（二）

▌程式碼

```
df['E-mail'].str.split('@').str[1]
```

▌執行結果

```
0       cii.edu.tw
1     gamil.com.tw
2     gmail.com.tw
3        chu.as.tw
Name: E-mail, dtype: object
```

範例 16 用 **apply()** 來解決取出 Email address@ 後面的值

▌程式碼

```
df['E-mail'].apply(lambda x: x.split('@')[1])
```

▌執行結果

```
0       cii.edu.tw
1     gamil.com.tw
2     gmail.com.tw
3        chu.as.tw
Name: E-mail, dtype: object
```

範例 17　**str.split() 的 expand 參數**

程式碼

```
df['E-mail'].str.split('@', expand=True)
```

執行結果

	0	1
0	Email:aff3	cii.edu.tw
1	Email:sefa	gamil.com.tw
2	asef	gmail.com.tw
3	sfase	chu.as.tw

當 expand=True 時，會回傳 DataFrame。

最後再將「欄位 1」取出即可。

範例 18

程式碼

```
df['E-mail'].str.split('@', expand=True)[1]
```

執行結果

```
0      cii.edu.tw
1      gamil.com.tw
2      gmail.com.tw
3      chu.as.tw
Name: 1, dtype: object
```

範例 19 將 E-mail 欄位裡的「Email:」拿掉，作法一

程式碼

```
df['E-mail'].str.replace('Email:','')
```

執行結果

```
0       aff3@cii.edu.tw
1     sefa@gamil.com.tw
2     asef@gmail.com.tw
3       sfase@chu.as.tw
Name: E-mail, dtype: object
```

範例 20 將 E-mail 欄位裡的「Email:」拿掉，作法二

程式碼

```
df['E-mail'] = df['E-mail'].str.extract(r'(\w*@\w*\.\w*\.\w*)')
df['E-mail']
```

執行結果

```
0       aff3@cii.edu.tw
1     sefa@gamil.com.tw
2     asef@gmail.com.tw
3       sfase@chu.as.tw
Name: E-mail, dtype: object
```

範例 21 將 E-mail 欄裡的 gamil 改成 gmail

程式碼

```
df['E-mail'] = df['E-mail'].str.replace('gamil','gmail')
df['E-mail']
```

執行結果

```
0       aff3@cii.edu.tw
1     sefa@gmail.com.tw
2     asef@gmail.com.tw
3       sfase@chu.as.tw
Name: E-mail, dtype: object
```

範例 22　取出信箱是 **gmail** 帳號的資料

▌ 程式碼

```
df[df['E-mail'].str.contains('gmail')]
```

▌ 執行結果

	名字	電話	E-mail	出生年
1	王二先生	(047)-2286678	sefa@gmail.com.tw	66-02-03
2	徐大人先生	(09)-2348878	asef@gmail.com.tw	73-03-15

17-4　處理數字型欄位

本節要處理電話欄位，先看資料。

範例 23

▌ 程式碼

```
df['電話']
```

▌ 執行結果

```
0        (03)-7788991
1       (047)-2286678
2        (09)-2348878
3        (05)-7788336
Name: 電話, dtype: object
```

範例 24　取出電話的區域碼，例如 (03) -> 03

▌ 程式碼

```
df[' 電話 '].str.extract(r'\((\d+)\)')
```

▌ 執行結果

	0
0	03
1	047
2	09
3	05

我們要的資料是 (\d)，但因為括號在正規表達式是將資料分組，為了取消這個功能，要用跳脫符號 (\)。再來就是將要取的資料格式用 (\d) 送入 extract()。

接下來我們要取出電話號碼，但不要區碼，第一種做法是將區碼拿掉，用 replace()。

範例 25　取出電話號碼，但不要區碼（一）

▌ 程式碼

```
df[' 電話 '].str.replace(r'\(\d+\)-','')
```

▌ 執行結果

```
0    7788991
1    2286678
2    2348878
3    7788336
Name: 電話 , dtype: object
```

第二種是用 extract() 來做，取出數字有 7 碼的值。

範例 26　　取出電話號碼，但不要區碼（二）

程式碼

```
df['電話'].str.extract(r'(\d{7})')
```

執行結果

	0
0	7788991
1	2286678
2	2348878
3	7788336

然後，我們要把區域碼和電話連起來，但要拿掉（）和 -。做法有以下幾種。

第一種方式，將不要的字直接拿走。

範例 27　把區域碼和電話連起來，但要拿掉（）和 -（一）

程式碼

```
df['電話'].str.replace(r'[()-]','')
```

執行結果

```
0     037788991
1    0472286678
2     092348878
3     057788336
Name: 電話, dtype: object
```

第二種方式，則是將要的值取出。

範例 28 把區域碼和電話連起來，但要拿掉（）和 -（二）

▌ 程式碼

```
df[' 電話 '].str.extract(r'\(((\d+)\)-(\d+)')
```

▌ 執行結果

	0	1
0	03	7788991
1	047	2286678
2	09	2348878
3	05	7788336

第三種方式是找到想要的部分，並置換成某分組 1 和分組 2。

範例 29 把區域碼和電話連起來，但要拿掉（）和 -（三）

▌ 程式碼

```
df[' 電話 '].str.replace(r'\(((\d+)\)-(\d+)',r'\1\2')
```

▌ 執行結果

```
0       037788991
1      0472286678
2       092348878
3       057788336
Name: 電話 , dtype: object
```

在程式碼中 \1 是 group1，也就是區域碼（如：03）；\2 是 group2，就是七碼的電話號碼。

範例 30 把區域碼和電話連起來，但要拿掉（）和 **-**，再把區域碼用 **[ ]** 括起來，區隔符號則改用 **--**

▋ 程式碼

```
df[' 電話 '].str.replace(r'\((\d+)\)-(\d{7})', r'[\1]--\2')
```

▋ 執行結果

```
0      [03]--7788991
1     [047]--2286678
2      [09]--2348878
3      [05]--7788336
Name: 電話 , dtype: object
```

程式碼類似範例 29，只是將 \1，改成 [\1]；再將 \1\2，改成 \1--\2。

17-5　處理日期型欄位

接下來處理出生年欄位，先看資料。

範例 31

▋ 程式碼

```
df[' 出生年 ']
```

▋ 執行結果

```
0      61-08-07
1      66-02-03
2      73-03-15
3      77-02-08
Name: 出生年 , dtype: object
```

範例 32 從「出生年」欄位，分別取出年、月、日

▌ 程式碼

```
df['出生年'].str.extract(r'(\d+)-(\d+)-(\d+)')
```

▌ 執行結果

	0	1	2
0	61	08	07
1	66	02	03
2	73	03	15
3	77	02	08

範例 33 從「出生年」欄位，把出生年月日換成用 / 間隔

▌ 程式碼

```
df['出生年'].str.replace(r'(\d+)-(\d+)-(\d+)',r'\1/\2/\3')
```

▌ 執行結果

```
0      61/08/07
1      66/02/03
2      73/03/15
3      77/02/08
Name: 出生年 , dtype: object
```

範例 34 把出生年換成用文字「年」、「月」、「日」間隔

▌ 程式碼

```
df['出生年'].str.replace(r'(\d{2})-(\d{2})-(\d{2})',r'\1年\2月\3日')
```

▌ 執行結果

```
0      61 年 08 月 07 日
1      66 年 02 月 03 日
2      73 年 03 月 15 日
3      77 年 02 月 08 日
Name: 出生年 , dtype: object
```

17-6　章末習題

1. 假設有一筆資料

   ```
   data = {' 名字 ':[' 張小風 ',' 王二 ',' 王大人 ',' 吳三四 '],
           ' 性別 ':[' 男 ',' 女 ',' 男 ',' 女 '],
           ' 收入 ':['23,445','12,244','234,234','4,223'],
           'ID':['M2380','D2433','M2345','MA456']}
   df = pd.DataFrame(data)
   df
   ```

   (1) 請取出名字有「王」字的人。

   (2) 請取出 ID 有「M」的人。

   (3) 取出 ID 裡的數字。

   (4) 請把所有人的名字變成名字在前，姓在後，中間用逗號隔開，如：張小風 -> 小風 , 張。

   (5) 請把所有人的名字前加「姓名 :」。

   (6) 請把收入裡的千分位號「,」去掉。

   (7) 承第 (6) 子題，在收入裡的千分位號「,」去掉後，將資料改成浮點數（提示：.astype(float)）。

第 18 章
Pandas Zen 禪

=== 本章學習重點 ===

想到禪，你想到什麼？平靜和無限可能！

我們剛開始用 pandas 來做資料分析的時候，會用很多的儲存格、很多變數，然後原始資料被破壞（還記得筆者在之前的章節常常在還原資料，就是爲了解決這個問題），因此程式要多做資料備份或是從頭執行。這時候我們就希望有一種寫程式的風格：

- 一個儲存格，就像是文章的一個段落，每一個段落裡面由不同的句子所組成。儲存格既然是以段落爲單位，我們就會減少很多儲存格的使用
- 盡量用 DataFrame 的函數串接，來減少中間變數的產生
- 不使用參數 inplace=True。等到所有指令都執行完之後，再用指派（=）的方式將資料存入變數。如此不僅可以進行函數串接，也不會破壞原始資料。更棒的是，你再也不用去煩惱 inplace 這個參數了

由於章節的限制，我們沒有辦法完整介紹所有函數和觀念，有機會的話，我們再另外寫一本書來聊這件事情。希望這一章的介紹可以引起你進入到 pandas 禪境界的興趣。

按照慣例，先引入本章需要的套件和設定。

```
import pandas as pd
import numpy as np
import matplotlib.pyplot as plt
import seaborn as sns
%matplotlib inline
plt.rcParams['font.sans-serif'] = ['DFKai-sb']
plt.rcParams['axes.unicode_minus'] = False
%config InlineBackend.figure_format = 'retina'
import warnings
warnings.filterwarnings('ignore')
```

18-1　串接式的寫法

在範例 1 中先說明 DataFrame 串接式的寫法，首先創造一個有 3 筆資料的 DataFrame 再繼續講解。

範例 1 創建 DataFrame

程式碼

```
np.random.seed(2)
df = pd.DataFrame(np.random.randn(3,2), columns=['a','b'])
df
```

執行結果

	a	b
0	-0.416758	-0.056267
1	-2.136196	1.640271
2	-1.793436	-0.841747

Pandas 的程式可以依下列步驟串接起來：

* 串接式寫法的第一步，我們寫一個小括號在儲存格裡面，按 enter 之後，它會自動幫我們縮排（雖然可以不用縮排，但縮排會讓程式更加清楚）
* 再來打我們的 df 變數
* 在下一行裡，我們用 '.' 點做開始，用的函數是 head()。由於我們有加小括號，所以 Python 允許我們換行（正常是不能換行的），並在指令的後面加上註解
* 目前看起來這個語法的優點就是程式具有換行性和註解功能，之後我們會介紹更多它的優點

請問各位，在這個例子裡，會輸出哪一種資料型態？答案是 DataFrame。既然是 DataFrame，我們就能夠繼續使用 DataFrame 的函數吧？我們在範例 2 開始做函數（方法）的串接（method chaining）。

範例 2　**DataFrame** 串接式的寫法

▍ 程式碼

```
(
    df
    .head(2)  # 顯示前 2 筆資料
)
```

▍ 執行結果

	a	b
0	-0.416758	-0.056267
1	-2.136196	1.640271

範例 3　**DataFrame** 的函數串接

▍ 程式碼

```
(
    df
    .head(2)        # 顯示前 2 筆資料
    .tail(1)        # 顯示前一結果的後 1 筆資料
)
```

▍ 執行結果

	a	b
1	-2.136196	1.640271

　　範例 3 中，我們在原本的 head() 之後，再串接 tail(1)。從觀察結果發現，tail(1) 是取到上一個結果之後的倒數一筆，而非原始資料 df 的最後一筆。為什麼呢？我們先來想想 df.head() 的回傳值是什麼資料型態？答案是 DataFrame。既然是 DataFrame 這個物件，我們就可以繼續使用它的函數，這就是函數串接的主要原理。讓每個函數的回傳值都是 DataFrame 的物件，我們就能繼續使用函數串接。

　　這就像寫作文一樣，當主詞（DataFrame）相同的時候，就可以不斷的敘述，來完成這個段落。譬如我早上起床，然後刷牙再運動，這裡的主詞「我」就可以省略。當我們用這種方法來寫的話，所處理的單位（主詞）就是 DataFrame，這是一種比較高維度的思維方式。

創造新欄位

創造一個新的欄位用的是 assign()。爲什麼用 assign() 而不用 df["] 的指派方法呢？因爲指派不能進行函數的串接，而 assign 可以。這個觀念和函數非常重要，一定要學會它。在範例 4 裡，c 爲欄位名稱，其值爲 [1,2,3]。

從 assign() 原始碼觀察到，它做的第一件事情就是先將 DataFrame 複製一份。這有什麼好處呢？這代表接下來所有的動作都不會影響到原始的資料。這個觀念看似沒什麼，卻是我們之後會採用的準則「盡量不要去修改到原始的資料」。這麼做的好處是，進行資料分析的時候我們都能確定原始資料沒有被更改。不然的話，爲了讀沒被破壞的原始資料，往往要移到第一個儲存格從頭執行一遍。

範例 4　如何去創造一個新的欄位 — **assign**

▌ 程式碼

```
(
    df
    .assign(c = [1,2,3])
)
```

▌ 執行結果

	a	b	c
0	-0.416758	-0.056267	1
1	-2.136196	1.640271	2
2	-1.793436	-0.841747	3

範例 5　用 **assign** 增加兩個欄資料

▌ 程式碼

```
(
    df
    .assign(
        c = 1,
        d = 2
    )
)
```

▌ 執行結果

	a	b	c	d
0	-0.416758	-0.056267	1	2
1	-2.136196	1.640271	1	2
2	-1.793436	-0.841747	1	2

　　程式語法很簡單，讀者請自行參閱。在範例 5 裡主要想強調的是，這種語法可以幫助我們做資料的實驗，因為利用 assign 串接資料，不管怎麼去新增欄位或修改欄位，都不會影響到原本的資料。其次，透過適當的換行和縮排，更可以增加程式的閱讀性。

用 pipe 做函數串接

　　pipe 能將原本無法進行 DataFrame 串接的函數，變成能進行函數串接。也就是它能讓不可能變成可能。所以我叫它無敵串接函數。

　　首先，欄索引鍵的名稱置換可以用 rename 函數，也可以用 df.columns 的指派方式。rename 函數的好處是可以進行函數的串接，但缺點是如果要進行大量的置換就變得很麻煩。這時就可以考慮用指派的方式，但指派卻無法做函數的串接，這時候我們就要用 pipe 函數。做法如下：

- 創建 replace_column 函數，其參數為傳入的 DataFrame
- 因為欄索引鍵的指派會修改到原始的 df，因此先做 copy() 的動作斷開兩者關係。這跟 assign 函數想法是相同的
- 進行 columns 的值置換
- 最後一定要 return df_ 才算完成（讀者應該有發現，我在暫時性變數的後面加一個底線。對我而言，這表示我並不在乎這個變數之後是否會被蓋掉，因此我可以重複使用這個變數名稱。）
- 再將 replace_column 函數丟給 pipe 函數來進行串接，pipe 就會將執行到前一個步驟的 DataFrame 丟給這個函數來處理

下面我們用範例 6 來看 pipe 的用法。

範例 6 用 **pipe** 來將欄索引鍵 **a,b** 換成 **aa, bb**

▎ 程式碼

```
def replace_column(df_):
    df_ = df_.copy()
    df_.columns = ['aa','bb']
    return df_
(
    df
    .pipe(replace_column)
)
```

▎ 執行結果

	aa	bb
0	-0.416758	-0.056267
1	-2.136196	1.640271
2	-1.793436	-0.841747

18-2　鐵達尼號的資料示範

講解完基本觀念後，我們用鐵達尼號的資料來做 pandas 禪觀念示範。

範例 7 取得鐵達尼號資料

▎ 程式碼

```
df = sns.load_dataset('titanic')
df.head()
```

▎ 執行結果

	survived	pclass	sex	age	sibsp	parch	fare	embarked	class	who	adult_male	deck	embark_town	alive	alone
0	0	3	male	22.0	1	0	7.2500	S	Third	man	True	NaN	Southampton	no	False
1	1	1	female	38.0	1	0	71.2833	C	First	woman	False	C	Cherbourg	yes	False
2	1	3	female	26.0	0	0	7.9250	S	Third	woman	False	NaN	Southampton	yes	True
3	1	1	female	35.0	1	0	53.1000	S	First	woman	False	C	Southampton	yes	False
4	0	3	male	35.0	0	0	8.0500	S	Third	man	True	NaN	Southampton	no	True

資料清理

通常拿到資料之後，第 1 件事情就是做資料的清理，包括刪除不必要的欄位和將資料整理成你要的資料形態。在這個儲存格裡面，我們要做幾件事情，依序如下：

- 取欄位 'survived' 到 'embarked'
- 將 pclass 的值做對應轉換。用 map 函數將 1 轉為 First，2 轉為 Second，3 轉為 Third
- 創造一個新的欄位 alone，它的結果是來自於 sibsp 和 parch 的加總是否為 0
- 創造一個新的欄位 age_cut，它的結果是來自於將 'age' 欄位分類到 4 個等間距的類別資料

你從範例 8 的程式碼，就可以看見它和上方的想法一一對照，這能幫助你快速了解你的程式碼做了哪些事情，而且也可以幫助你快速除錯和整理思緒。然後，當你整個程式步驟都完成後，再用指派的方法將它覆蓋原本的 df 變數。這樣子，這個儲存格就一清二楚了。就好像我們在寫作文一樣，這個儲存格是一個段落，而裡面的一行一行，就代表著段落中的句子。

範例 8 資料清理儲存格

▍程式碼

```python
df = (
    df
    .loc[:,'survived':'embarked']
    .assign(
        pclass = df['pclass'].map({1:'First', 2:'Second', 3:'Thrid'}),
        alone = (df['sibsp']+df['parch'])==0,
        age_cut = pd.cut(df['age'], bins=4)
    )
)
df.head()
```

▍執行結果

	survived	pclass	sex	age	sibsp	parch	fare	embarked	alone	age_cut
0	0	Thrid	male	22.0	1	0	7.2500	S	False	(20.315, 40.21]
1	1	First	female	38.0	1	0	71.2833	C	False	(20.315, 40.21]
2	1	Thrid	female	26.0	0	0	7.9250	S	True	(20.315, 40.21]
3	1	First	female	35.0	1	0	53.1000	S	False	(20.315, 40.21]
4	0	Thrid	male	35.0	0	0	8.0500	S	True	(20.315, 40.21]

範例 9　依照不同的性別算出其分別個數和生存率

程式碼

```
(
    df
    .groupby('sex')['survived'].agg(['size','mean'])
)
```

執行結果

	size	mean
sex		
female	314	0.742038
male	577	0.188908

雖然範例 9 的寫法和原本的沒有什麼太大差別，但是仍然可以幫助我們閱讀。

下面我們把另一個小技巧也教給大家，就是在 agg 函數裡面，我們可以用命名元組（named tuple）的方式，直接置換欄位名稱。agg 裡的等號左邊「個數」是我們取的欄位名稱，等號右邊的元組裡面的內容，則包括要分析的欄位 'survived' 和估算的方式 'size'.

如果我們不是用這種能換行和縮排的方法的話，整個程式就會拉得很長，閱讀性就會變得非常的差。

範例 10　依照不同的性別算出其分別個數和生存率，並修改欄位名稱

程式碼

```
(
    df
    .groupby('sex').agg(
        個數 = ('survived', 'size'),
        存活率 = ('survived','mean')
    )
)
```

執行結果

	個數	存活率
sex		
female	314	0.742038
male	577	0.188908

　　通常畫完圖之後，就不能再進行函數的串接了。但如果希望能夠繼續進行資料的分析，該怎麼做呢？這時候就要用到無敵神器 pipe 函數。先定義一個 plot_bar 函數，在裡面進行完繪圖之後，再將原本的 DataFrame 透過 return 來傳出，就能繼續進行分析了。在範例 11 中我們只多做了簡單的取小數點兩位。

範例 11 計算不同性別的個數以及存活率，並且繪製 **2** 個子圖來呈現

▌ 程式碼

```python
def plot_bar(df_):
    df_.plot(kind='bar', figsize=(4,3), rot=0, subplots=True)
    return df_
(
    df
    .groupby('sex').agg(
        個數 = ('survived', 'size'),
        存活率 = ('survived','mean')
    )
    .pipe(plot_bar)
    .round(2)
)
```

▌ 執行結果

	個數	存活率
sex		
female	314	0.74
male	577	0.19

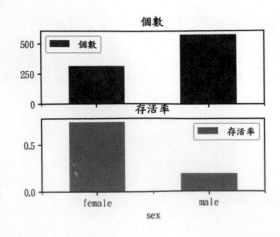

範例 12 將資料依存活與父母孩子數量分組，並計算分組個數

▌ 程式碼

```
(
    df
    .groupby(['survived','parch']).size().unstack(1)
)
```

▌ 執行結果

parch	0	1	2	3	4	5	6
survived							
0	445.0	53.0	40.0	2.0	4.0	4.0	1.0
1	233.0	65.0	40.0	3.0	NaN	1.0	NaN

範例 12 其實就是第 12 章「鐵達尼號」中的範例 42。當時我有說明，當父母孩子數量大於 3 的時候，其實樣本很少，可以考慮把它做合併。我們在範例 13 教大家怎麼做。

在範例 13 中我們創造一個新的欄位 parch_clip，然後將 parch 值大於 3 的都設為 3，用的函數是 clip 函數（clip 中文是修剪的意思）。然後再用 value_counts() 來看每個值的個數。

範例 13 將父母孩子數量大於 **3** 的改為 **3**

▌ 程式碼

```
(
    df
    .assign(
        parch_clip = df['parch'].clip(upper=3)
    )
    ['parch_clip'].value_counts()
)
```

▌ 執行結果

```
0    678
1    118
2     80
3     15
Name: parch_clip, dtype: int64
```

觀察發現 parch_clip 最大值確實為 3，總個數為 15 個。

　　範例 14 主要想讓各位了解，你也可以直接將暫時用不到的指令先做註解掉，再繼續往下寫都可以。如果將來程式出錯，就可以把註解取消來做除錯。

範例 14 **請算出不同 parch_clip 的個數和存活率**

▌程式碼

```
(
    df
    .assign(
        parch_clip = df['parch'].clip(upper=3)
    )
#    ['parch_clip'].value_counts()
    .groupby('parch_clip')['survived'].agg(['size','mean'])
)
```

▌執行結果

	size	mean
parch_clip		
0	678	0.343658
1	118	0.550847
2	80	0.500000
3	15	0.266667

　　本章的範例與說明已經結束了，我也鼓勵讀者回頭去看本書第九章中的說明，你會有更深刻的體悟。

18-3　章末習題

1. 以 alone 做為分組，做出下方的交叉分析表和圖形。

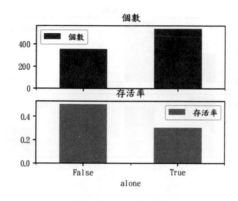

2. 以 pclass 做為分組，做出下方的交叉分析表和圖形。

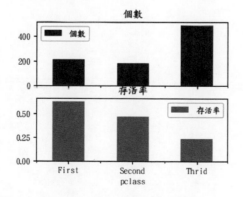

3. 以 age_cut 做為分組，做出下方的交叉分析表和圖形。

	個數	存活率
age_cut		
(0.34, 20.315]	179	0.46
(20.315, 40.21]	385	0.40
(40.21, 60.105]	128	0.39
(60.105, 80.0]	22	0.23

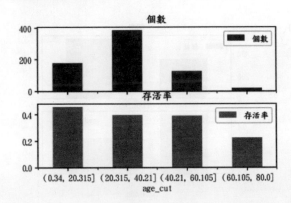

國家圖書館出版品預行編目資料

一行指令學 Python：用 Pandas 掌握商務大數據
分析/徐聖訓著. -- 二版. -- 新北市 ： 全華圖書
股份有限公司, 2022.03
　面 ；　公分
ISBN 978-626-328-092-2(平裝)
1.CST: Python(電腦程式語言)
312.32P97　　　　　　　　111002605

一行指令學 Python－用 Pandas 掌握商務大數據分析
(第二版)

作者／徐聖訓
發行人／陳本源
執行編輯／李慧茹
封面設計／戴巧耘
出版者／全華圖書股份有限公司
郵政帳號／0100836-1 號
印刷者／宏懋打字印刷股份有限公司
圖書編號／0641401
二版三刷／2024 年 03 月
定價／新台幣 550 元
ISBN／978-626-328-092-2(平裝)
ISBN／978-626-328-097-7(PDF)
全華圖書／www.chwa.com.tw
全華網路書店 Open Tech／www.opentech.com.tw
若您對本書有任何問題，歡迎來信指導 book@chwa.com.tw

臺北總公司(北區營業處)
地址：23671 新北市土城區忠義路 21 號
電話：(02) 2262-5666
傳真：(02) 6637-3695、6637-3696

南區營業處
地址：80769 高雄市三民區應安街 12 號
電話：(07) 381-1377
傳真：(07) 862-5562

中區營業處
地址：40256 臺中市南區樹義一巷 26 號
電話：(04) 2261-8485
傳真：(04) 3600-9806(高中職)
　　　(04) 3601-8600(大專)

歡迎加入 全華會員

● 會員獨享
會員享購書折扣、紅利積點、生日禮金、不定期優惠活動…等。

● 如何加入會員
掃 QRcode 或填妥讀者回函卡直接傳真 (02) 2262-0900 或寄回，將由專人協助登入會員資料，待收到 E-MAIL 通知後即可成為會員。

如何購書 全華書籍

1. 網路購書
全華網路書店「http://www.opentech.com.tw」，加入會員購書更便利，並享有紅利積點回饋等各式優惠。

2. 實體門市
歡迎至全華門市（新北市土城區忠義路 21 號）或各大書局選購。

3. 來電訂購
(1) 訂購專線：(02) 2262-5666 轉 321-324
(2) 傳真專線：(02) 6637-3696
(3) 郵局劃撥（帳號：0100836-1 戶名：全華圖書股份有限公司）
※ 購書未滿 990 元者，酌收運費 80 元。

OpenTech.com.tw
全華網路書店

全華網路書店 www.opentech.com.tw
E-mail: service@chwa.com.tw

※ 本會員制如有變更則以最新修訂制度為準，造成不便請見諒。

讀者回函卡

掃 QRcode 線上填寫 ▶▶▶

姓名： 　　　　　　　　生日：西元 　　　 年 　　 月 　　 日　性別：□男 □女

電話：（　　　）　　　　　　手機：

e-mail： （必填）

註：數字零，請用 Φ 表示，數字 1 與英文 L 請另註明並書寫端正，謝謝。

通訊處：□□□□□

學歷：□高中・職 □專科 □大學 □碩士 □博士

職業：□工程師 □教師 □學生 □軍・公 □其他

學校/公司：　　　　　　　　　　　科系/部門：

· 需求書類：

□ A. 電子 □ B. 電機 □ C. 資訊 □ D. 機械 □ E. 汽車 □ F. 工管 □ G. 土木 □ H. 化工 □ I. 設計

□ J. 商管 □ K. 日文 □ L. 美容 □ M. 休閒 □ N. 餐飲 □ O. 其他

· 本次購買圖書為：　　　　　　　　　　書號：

· 您對本書的評價：

封面設計：□非常滿意 □滿意 □尚可 □需改善，請說明

內容表達：□非常滿意 □滿意 □尚可 □需改善，請說明

版面編排：□非常滿意 □滿意 □尚可 □需改善，請說明

印刷品質：□非常滿意 □滿意 □尚可 □需改善，請說明

書籍定價：□非常滿意 □滿意 □尚可 □需改善，請說明

整體評價：請說明

· 您在何處購買本書？

□書局 □網路書店 □書展 □團購 □其他

· 您購買本書的原因？（可複選）

□個人需要 □公司採購 □親友推薦 □老師指定用書 □其他

· 您希望全華以何種方式提供出版訊息及特惠活動？

□電子報 □DM □廣告 （媒體名稱　　　　　　　　　）

· 您是否上過全華網路書店？（www.opentech.com.tw）

□是 □否 您的建議

· 您希望全華出版哪方面書籍？

· 您希望全華加強哪些服務？

感謝您提供寶貴意見，全華將秉持服務的熱忱，出版更多好書，以饗讀者。

填寫日期： 　 / 　 / 　

2020.09 修訂

親愛的讀者：

感謝您對全華圖書的支持與愛護，雖然我們很慎重的處理每一本書，但恐仍有疏漏之處，若您發現本書有任何錯誤，請填寫於勘誤表內寄回，我們將於再版時修正，您的批評與指教是我們進步的原動力，謝謝！

全華圖書 敬上

勘 誤 表

書號		書　名		作　者
頁　數	行　數	錯誤或不當之詞句		建議修改之詞句

我有話要說： （其它之批評與建議，如封面、編排、內容、印刷品質等...）